環境と生態
生態系のしくみと役割

Environment and Ecology -Mechanism and Role of Ecosystem-

畑 憲治
HATA Kenji

学文社

はじめに

　地球上には森林，草原，湿地，河川，海洋など多様な環境が広がり，それぞれの場所で特徴的な生態系が形成されている。生態系は，生物と非生物的環境が相互に影響を及ぼしながら維持されるシステムである。私たちは，生態系における物質の循環やエネルギーの流れを通じて，生きていくうえで不可欠な自然の恩恵（生態系サービス）を生態系から享受している。一方で，有史以来の人間活動による生態系の改変や劣化は，気候変動や生物多様性の喪失，森林破壊，砂漠化など地球規模で深刻な環境問題と深く関係している。

　本書では，生態学の知識や考え方に基づいて生態系の基本的な構造と機能を理解し，生態系の改変や劣化が現在起きている環境問題とどのように関係しているかを明らかにすることを目的とする。前述の環境問題は，しばしば個別の課題として議論されるが，根本的には生態系の変化やその機能の喪失と密接に関係している。したがって，環境問題を科学的に理解するためには，生態系がどのように構成され，どのようなメカニズムで機能しているのかを正しく把握する必要がある。本書では，環境政策や保全活動などの応用的な視点には踏み込まず，生態系において実際に起こっている現象とその背景にある生態学的なプロセスを明確にすることに焦点を当てる。

　本書の 11 章のうち 1 章から 3 章では，生態系の基礎知識と人間活動による生態系の改変・劣化の大枠について扱う。1 章では，生態系の構成要素である生物と非生物的環境の関係について扱う。生物個体による光合成，生活史戦略，同種個体の集まりである個体群の構造や動態，生物と生物との間の生物間相互作用とその結果として構築される複数種の個体群の集まりである群集などの生態学における基本的な知識や概念について解説する。2 章では，生態系の基本的な知識と考え方について扱う。どのように生態系に物質とエネルギーが取り

込まれ，食物連鎖を介してどのように循環・移動していくのか，その過程において生物がどのような役割を果たしているのかについて解説する。3章では，人間活動と生態系の改変の歴史について扱う。類人猿から進化したヒトが地球全域に拡散し，狩猟・採集から農耕，都市化，工業の発展に伴って生態系にどのような負荷をかけてきたのか，また環境負荷の定量化などについて解説する。

　4章から6章では，生態系における主要な非生物要素である水，土壌，無機栄養塩について扱う。4章では，水の基本的な性質と生態系が機能するうえでの役割について解説する。また，地球上の水の分布と循環，特に降雨として陸上生態系に入った水がどのようなプロセスを経て生態系の外に出ていくのかについて解説する。5章では，陸上生態系の基盤である土壌の基本的な性質やその生成過程と生物と土壌の間で起きる有機物と無機物のやり取りについて解説する。6章では，生態系における生産者である植物の成長制限因子である無機栄養塩，特に，窒素とリンがどのように土壌を介して植物に取り込まれ，生態系において循環しているかについて解説する。

　7章から9章では，代表的な陸上生態系について扱う。7章では水田や畑といった農業生態系，8章では森林生態系が持つ機能について，特に土壌の物理的・化学的特性に着目して解説する。9章では，人間活動によって陸上生態系がどのように改変・劣化し，それによってどのように生態系サービスが低下したのかについて解説する。

　10章と11章では，水界生態系について扱う。10章では，河川，湖沼，湿地など代表的な淡水生態系の構造や機能について解説する。また，これらの淡水生態系が人間活動による富栄養化によってどのように改変・劣化されるかについて解説する。11章では，海洋生態系の構造と機能，特に生態系サービスとしての漁業が生態系に及ぼす影響について解説する。

　なお，各章の末尾に演習問題を設けたが，正答例などは掲載していない。正解が提示されていないことで，本の内容に基づいて多角的な視点から問題に取り組み，自分なりの解釈や論理的思考を鍛える機会と捉えていただければ幸いである。

本書には，筆者自身の専門分野から離れた内容も多く含まれており，それらについては勉強不足な点も少なからず含まれているが，初学者も理解できるようコンパクトに概要をまとめることに意義があると考えた。勉強不足の点については今後研鑽を積み，本書の改善を怠らないように心がけたい。

　最後に，本書出版の機会を作っていただき，多大なご協力とご助言をいただいた学文社の田中千津子社長と編集部の山谷由美子さん及び関係者の皆様に心より感謝申し上げる。

2025 年 1 月吉日

畑　憲　治

目　　次

はじめに　　i

1章　生態系の構成要素間のつながり ……………………………………… 1

1.1　生態学　　1
　　1.1.1　生態学とは　　1
　　1.1.2　個体から生態系へ　　1

1.2　生物と環境との関係　　3
　　1.2.1　生物にとっての環境・資源　　3
　　1.2.2　光合成と呼吸　　3
　　1.2.3　生物の生活史　　6
　　　　コラム1-1　生物の進化　　4

1.3　生物の生物との関係　　7
　　1.3.1　個体群　　7
　　1.3.2　生物間相互作用　　9
　　1.3.3　群集　　10
　　　　コラム1-2　平衡と安定　　12

2章　生態系の機能 …………………………………………………………… 15

2.1　生態系　　15
　　2.1.1　生態系とその機能　　15
　　2.1.2　生態系サービス　　15
　　2.1.3　生態系における生物の役割　　16
　　2.1.4　食物連鎖　　17

2.2　物質生産　　18
　　2.2.1　光合成と一次生産　　18
　　2.2.2　二次生産　　20
　　2.2.3　地球上の物質生産の分布　　20

vi

2.3 物質の収支と循環　24

2.3.1　物質循環　24
2.3.2　炭素の収支と循環　24

3章　人間活動と生態系の歴史 ……………………………………27

3.1 人類と生態系の歴史　27

3.1.1　ヒトの出現と拡散　27
3.1.2　狩猟・採集の開始　29
3.1.3　農耕の発展　29
3.1.4　文明の発展　30
3.1.5　ヒトの個体群サイズの変化　31

3.2 環境負荷の定量化　31

3.2.1　エコロジカル・フットプリント　32
3.2.2　生きている生物指数　34

3.3 地球上の環境問題　35

3.3.1　環境問題の分類　35
3.3.2　環境問題の現状　35

4章　生態系における水 ……………………………………………39

4.1 水の特性　39

4.1.1　水の特異性　39
4.1.2　水の分子構造　39
4.1.3　水の熱的性質　40
4.1.4　水の極性　42
　　　コラム4-1　分子構造と物質の状態変化　41

4.2 生態系における水の収支　42

4.2.1　地球上の水の分布と循環　42
4.2.2　水文学　42
4.2.3　森林における水の供給と消失　45
4.2.4　森林構造の変化の影響　47

目　　次　**vii**

5 章　生態系における土壌 ……………………………………………49

5.1　土壌の基本特性　49

5.1.1　土壌とは　49
5.1.2　土壌の生成過程　49
5.1.3　生態系における土壌の役割　50

5.2　土壌有機物　51

5.2.1　生態系における有機物　51
5.2.2　土壌中の有機物の蓄積と分解　53

5.3　土壌生物　54

5.3.1　土壌生物の分類　54
5.3.2　土壌動物の働き　55
5.3.3　土壌微生物の働き　56

6 章　土壌栄養塩と物質循環 ……………………………………………59

6.1　一次生産と土壌栄養塩　59

6.1.1　植物の成長要因　59
6.1.2　植物にとっての無機栄養元素　59

6.2　窒素　61

6.2.1　生態系における窒素　61
6.2.2　窒素の無機化と有機化　63
6.2.3　無機化，有機化と C/N 比　63

6.3　リン　65

6.3.1　生態系におけるリン　65
6.3.2　土壌中のリンの形態と植物の利用可能性　66
コラム 6-1　pH　68

7 章　農業生態系 ……………………………………………71

7.1　農業　71

7.1.1　農業とは　71
7.1.2　農業の目的　71

7.2　水田　72

7.2.1　湛水　72

viii

    7.2.2　還元状態の影響　73

7.3　畑　76
    7.3.1　水分条件　76
    7.3.2　有機物と無機塩類　76
    7.3.3　土壌 pH の変化　77

8 章　森林生態系 ……………………………………………………81

8.1　森林　81
    8.1.1　森林とは　81
    8.1.2　気候に基づく森林の分類　81
    8.1.3　人間活動の程度に基づく森林の分類　82

8.2　森林の供給サービス　83
    8.2.1　林業　83
    8.2.2　木材生産物　83
    8.2.3　木材生産物の生産過程　83
    8.2.4　非木材生産物　86

8.3　森林の調節サービス　86
    8.3.1　気候の調節　86
    8.3.2　遮蔽　87
    8.3.3　水質浄化　87
    8.3.4　浸食防止・土壌保全　87
    8.3.5　洪水緩和・水源涵養　88

9 章　陸上生態系の改変と劣化 ………………………………91

9.1　無機塩類　91
    9.1.1　化学肥料の影響　91
    9.1.2　持続可能な都市生態系　91
    9.1.3　食料自給率の変化　93
    9.1.4　家畜の排泄物の影響　94

9.2　水　95
    9.2.1　かんがい農業　95
    9.2.2　水の消失　96
    9.2.3　土壌の塩類化　98

目　　次　　ix

9.3　土壌　99

9.3.1　土壌劣化と砂漠化　99

9.3.2　土壌劣化の発生要因　99

9.3.3　土壌浸食　100

9.3.4　人工林における土壌劣化　101

9.3.5　侵略的外来動物の攪乱による土壌劣化　101

10 章　淡水生態系 ··· 105

10.1　淡水　105

10.1.1　資源としての淡水　105

10.1.2　地球上の淡水の分布　105

10.2　淡水生態系の構造・機能　107

10.2.1　河川　107

10.2.2　湖沼　110

10.2.3　湿地　110

10.3　淡水生態系の改変・劣化　111

10.3.1　富栄養化　111

10.3.2　富栄養化による生態系の改変　111

10.3.3　富栄養化への対策と課題　113

11 章　海洋生態系 ··· 117

11.1　海洋生態系の構造と機能　117

11.1.1　海洋の空間構造　117

11.1.2　食物連鎖と物質循環　117

11.2　供給サービスとしての漁業　120

11.2.1　漁業　120

11.2.2　漁業の影響　122

11.2.3　種苗放流　123

11.2.4　養殖　125

引用・参考文献　129

索引　133

1章 生態系の構成要素間のつながり

1.1 生態学

　生態系は，生物と非生物要素によって構成されており，生物と生物，生物と非生物要素，非生物要素と非生物要素が互いに影響しあうことで機能している。2章以降で生態系について説明するうえで，生態系の中で生物がどのように振る舞い，それがどのように影響するのかについて生態学の基本的な知識や考え方を最低限理解しておく必要がある。

1.1.1 生態学とは

　生態学は，生物と環境との関係を明らかにすることを目的とする学問である。言い換えると，地球上の生物がなぜその環境に存在しているのか，どのようにその環境で生まれ，成長し，子孫を残しているのか，という疑問に対して答えることが生態学の目的である。

　生態学は，英語では"Ecology"であるが，これはいわゆる「エコロジー」とは意味が異なる。生態学は生物学の一分野である（図 1-1）。生物学を含む自然科学の目的は，自然現象を明らかにすること，つまり自然について知る（知的好奇心を満たす）こと自体が目的である。一般的に生態学の知識や考え方は，生物多様性の保全や環境問題を解決するうえで不可欠ではあるが，これらの解決は結果論であって本来の目的には含まれない。

1.1.2 個体から生態系へ

　生態学における興味の対象は，複数の階層・スケールで捉えられることが多い。つまり生物個体から始まり，同じ生物種の個体の集まりである個体群，異

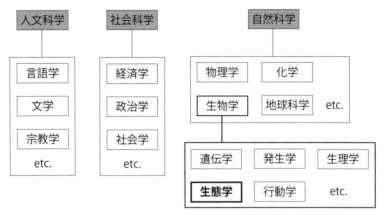

図 1-1　様々な学問分野における生態学の位置づけ
学問分野の分類については諸説ある中の1つを示す

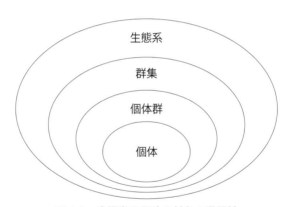

図 1-2　生態学の興味の対象の階層性

なる生物種の個体群の集まりである群集，群集と非生物要素（大気，水，土壌など）の集まりである生態系という階層である（**図 1-2**）。それぞれ捉える階層・スケールによって興味の対象が異なる。また，それぞれが独立しているわけでなく，互いに関連しあっている。

1.2 生物と環境との関係

1.2.1 生物にとっての環境・資源

環境 (Environment) とは,主体の周囲に存在する物質・物体のことである。これは2つの意味を持つ。1つは,主体となる何かが存在して初めて環境となり,逆に言うと何か対象が単独で環境になることはないということである。もう1つは,何を主体に捉えるかによって,生物・非生物要素に関わらず主体にも環境にもなりえるということである。例えば,樹木を主体とすると周囲の温度や降雨量などは環境になる一方で,樹木の幹の中で生活する昆虫を主体とすると今度は樹木が環境になる。

生物と環境との関係には様々なプロセスが存在する。例えば,環境が生物に影響を及ぼすことを環境作用,それに対して生物が反応することを応答という。さらに応答によってその環境において生存・繁殖し子孫を残せる能力を適応といい,これは自然淘汰 (**コラム 1-1**) によって獲得できる。一方で,生物が環境に影響を及ぼすことを環境形成作用という。例えば,樹木が成長すればその下では暗くなり,気温も下がる。これは樹木が環境を改変したことを意味する。

資源とは,生物個体の生存,成長,繁殖,移動分散など基本的な生活のための源になるもの (光,水,無機塩類など) のことである。資源は基本的に有限なものであり,ある個体が利用すれば別の個体が利用できなくなる。資源は空間的・時間的に不均質に存在し,これは生物の分布にも強く影響する。

1.2.2 光合成と呼吸

地球上のほとんどの生物は,炭素をベースにした有機物 (2, 5章参照) で構成されている。生物の体に含まれる炭素は,大気中の二酸化炭素に由来する。二酸化炭素のような無機物を取り込んで有機物を作成するプロセスを炭素同化といい,その中で光エネルギーを用いて行われる炭素同化を光合成 (Photosynthesis) という。光合成は,主に陸上の植物や水界の植物プランクトンによって行われる。光合成は以下のような化学反応で二酸化炭素 (CO_2) と水 (H_2O) からグ

コラム 1-1　生物の進化

　生物学における進化とは，世代を重ねる中でこれまでに存在しなかった形質（特徴）を持った個体が出現することである。進化は，生態学を含む生物学において最も重要な概念であり，この概念なしで生態学で扱う現象を説明することはできない。

　生物の進化の主なメカニズムは，突然変異，自然淘汰，遺伝的浮動である。突然変異とは簡単に言うと生物の体の設計図に相当する遺伝物質（DNAなど）にエラーが生じることである。このエラーはランダム（因果関係がなく確率論的）に起きるもので，個体の意思で特定のエラーを狙って起こすことはできない。繰り返すが，突然変異に対して個体の意思が働くことはない。

　突然変異の結果，もともといた個体とは異なる形質を持った個体が出現したとする。もともといた個体を含めて様々な形質を持った個体の間で生存競争が起きると，より多くの子孫を残せる個体の子孫が徐々に増え，そうでない個体の子孫は淘汰される（図1-3）。このようなプロセスを自然淘汰という。どのくらい繁殖可能な子孫の数を生産できるかを適応度といい，これは生物が環境にどの程度適応しているかの指標として生物学で広く認識されている。

　一般的に突然変異で出現した形質は，もともと存在した個体の形質よりも生存や繁殖において優れていることはほとんどない（生物の設計図を「目的なく適当に」変更するため）。ただし，長期間にわたって突然変異を繰り返す中で非常にまれに元の個体よりも優れた形質が生まれることがある。また，環境が変化した結果，新たな環境において生存・繁殖に有利な形質が変化することもあり

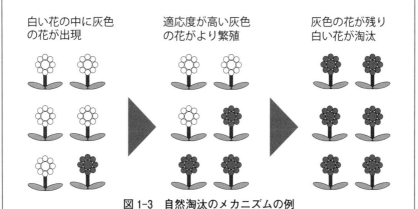

図1-3　自然淘汰のメカニズムの例

うる。

　突然変異は必ずしも新しい形質を生み出すわけではない。また突然変異によって新たな形質が出現したとしても，それがもともといた個体の形質と比較して適応度の点で差がないこともある。このとき，どちらの形質を持つ個体が子孫を残せるのか（もしくは両方が子孫を残せるか）はランダムに決定される。その結果，適応度とは関係がない形質が進化の過程で残ることもある。このように自然淘汰に対して有利でも不利でもない中立突然変異によって出現した遺伝子が，集団内で残るかどうかが確率論的に決定される過程を遺伝的浮動という。

ルコース（$C_6H_{12}O_6$）という有機物を作成し，その副産物として酸素（O_2）が発生する。

$$6CO_2 + 12H_2O + 光エネルギー \rightarrow C_6H_{12}O_6 + 6H_2O + 6O_2$$

　呼吸（Respiration）は，生物が体内の有機物を燃焼（酸化）させ，生命活動に必要なエネルギーを獲得するプロセスである。呼吸は化学反応式においては光合成と逆の反応で，グルコースと酸素が反応し，二酸化炭素と水が発生する過程である。生物はこの際に発生するエネルギーを利用して生命活動を行う。

$$C_6H_{12}O_6 + 6H_2O + 6O_2 \rightarrow 6CO_2 + 12H_2O + エネルギー$$

　植物や植物プランクトンなどは光合成と呼吸を同時に行う。つまり光合成によって有機物を獲得し，獲得した有機物から呼吸によってエネルギーを獲得し，生命活動を行う。動物や微生物などは呼吸のみを行い，呼吸に必要な有機物を他の生物を摂食することで獲得する。

　光合成速度（活性）の程度は，太陽光の強さに依存する（**図1-4**）。光がない環境下では呼吸のみが行われる（**図1-4**①）。つまり植物体内のグルコースが燃焼され，二酸化炭素の形で体内の炭素が排出される。そこから光が強くなるにつれて光合成速度が上昇し，ある光の強さのときに光合成速度と呼吸速度が等しくなる（**図1-4**②）。この光の強さを光補償点といい，このとき見かけ上は光合

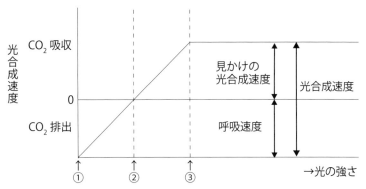

図 1-4　光の強さと光合成速度（二酸化炭素の吸収速度と排出速度）との関係

成による二酸化炭素の吸収も呼吸による排出も起きていない状態になる。光補償点以上の光の強さになると光合成速度が呼吸速度を上回り，この差の分だけ実際に有機物が生産されることになる。そして光が一定の強さを超えると光合成速度は頭打ちになる（図 1-4 ③）。このときの光の強さを光飽和点という。光飽和点では，実際の光合成速度から呼吸速度を差し引いた値が，見かけの光合成速度（二酸化炭素の吸収速度）となる。

1.2.3　生物の生活史

生活史（Life history）とは，生物個体の生存や繁殖に関する時間的過程のことであり，個体の一生（受精，出生，成長，繁殖，死亡など）の生活様式のことである。生活史様式は生物によって多種多様であるが，系統的に近い生物種同士では類似する傾向がある。

現在地球上に存在する生物の生活史は，それぞれの環境で適応度が最も高くなるような戦略を持っているはずである。言い換えると，自然淘汰の過程でそのような生活史戦略を持つ個体が残ってきたはずである。この戦略には主に個体の維持と繁殖への投資という2つの要素が含まれる（表 1-1）。個体の維持は，現在の自身への投資ともいえる。例えば，個体の基礎代謝を高め成長を促進する，また外敵からの防御や逃避手段の確保などが挙げられる。それに対して，

表 1-1　植物の生活史戦略

		期間と役割
個体の維持	成長	葉：光合成による有機物の獲得
		茎：根から物質の輸送，個体の支持，高さによる光をめぐる競争力の獲得
		根：土壌中の水と無機塩類の獲得，個体の支持
	貯蔵	葉，茎，根：資源の貯蔵
	防御	葉，茎：とげによる物理的阻害，二次代謝産物（毒など）による化学的阻害
繁殖への投資	花粉媒介	花，花蜜：花粉媒介者（ポリネーター）の誘因
	繁殖	種子：子供の生産
	分散	果実，種子：種子の移動分散

繁殖は次世代への投資ともいえる。配偶者を獲得し，配偶子（胎児や受精卵など）の生産や保護などがこれに相当する。

　個体の維持と繁殖の投資にはトレードオフの関係がある。生物個体が一生の間に使える資源やエネルギーの量が有限であるとすると，一方への投資量を増やせばもう一方への投資量は減ることになる。トレードオフの制約がある中で，その環境下で最も適応度が高くなるような生活史戦略をもつ個体が自然淘汰の過程で残ってきたと考えられている。

1.3　生物の生物との関係

1.3.1　個体群

　個体群（Population）とは，同じ生物種の個体の集まりのことである。当然ながら環境に対する反応や生活史戦略などの個体の特徴は，同じ種の個体群間で類似している。ただし，環境が異なれば，同じ生物種の個体群であっても個体群を構成する個体の特徴が異なることもある。

　生態学において個体群の最も重要な特徴は，個体数およびその時間的・空間的な変動である。ある個体群の総個体数を個体群サイズ，面積あたりの個体数

を個体群密度という．対象の個体群サイズや密度，その時間変化から個体群の特徴を捉える場合もあれば，どのようなサイズ，齢（年齢），生活史段階の個体によって個体群が構成されているかを考慮する場合もある（図1-5）．

個体群密度の時間変化を個体群成長という．外部からの個体の移入や外部への移出がない状況下では，出生率が死亡率よりも高ければ正の成長（つまり個体数の増加），逆であれば負の成長を示す．理論的には個体群は指数関数的な成長を示す（図1-6a）．これはネズミ算的な増え方ともいう．指数関数的な成

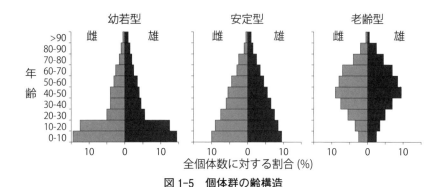

図1-5 個体群の齢構造

雌雄別に全体に対する各年齢層の個体の割合を示す

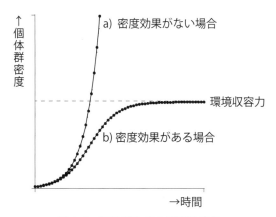

図1-6 個体群密度の時間的変化

長をした場合，個体群の成長速度（増え幅）は，時間の経過，つまり密度の増加に伴って大きくなる。

　現実には，指数関数的な成長はある時点で頭打ちになる（**図1-6b**）。当たり前の話だが，生態系内の空間や資源は有限であるため，密度が増加すれば1個体が利用できる空間や資源量は減少する。このような環境抵抗の結果，個体の生存や成長が制限され，個体群成長に負の影響を及ぼす。これを密度効果という。最終的に，個体群密度はその生態系において生存できる密度の上限で頭打ちになる。この上限の個体群密度を環境収容力という。

1.3.2 　生物間相互作用

　生物間相互作用（Interaction）とは，生物個体が他の生物個体と直接的・間接的に影響しあうことである。生物間相互作用は，同種他個体間で起こる場合と，他種間で起こる場合がある。生物間相互作用は，対象の個体の適応度の変化に基づいて，競争，捕食・被食，寄生，共生の4つに分類することができる（**表1-2**）。

　競争は，ある生物個体が資源を消費・妨害することで，他の生物個体が利用できない状態にすることで生じる。2個体（もしくは3個体以上）が競争しているとき，それぞれが単独で存在するときと比較して双方の適応度が低下する，もしくはどちらか一方の適応度が低下し，もう一方は変化しないような関係が

表1-2　生物間相互作用と適応度との関係

単独で存在するときと比較して適応度がどのように変化するかを示す

	適応度の変化		備考
競争	低下	低下	
	低下	変化なし	
捕食・被食	上昇（捕食者）	低下（被食者）	
寄生	上昇（寄生者）	低下（宿主）	
共生	上昇	上昇	双利共生
	上昇	変化なし	片利共生

競争関係である。一般的に，類似した生活史特性を持つ同種間での競争（種内競争）のほうが，他種間の競争（種間競争）よりも強いことが多い。

捕食・被食は，食う－食われるの関係である。基本的には種間で起こるが，種内で起こることもある（共食い）。捕食・被食関係では，単独で存在するときと比較して，食う側（捕食者）の適応度が上昇し，食われる側（被食者）の適応度が低下する。

寄生は，ある生物個体が他の生物個体の体の一部（体表や体内など）で生活し，そこから必要な餌資源を搾取する関係である。単独で存在するときと比較して，寄生する側（寄生者）の適応度が上昇し，寄生される側（宿主）の適応度が低下する。この適応度の変化の関係は捕食・被食と同じであるが，寄生では，宿主が死亡すると寄生者も生存不可能になる点が捕食・被食とは異なる。

共生は，複数の生物個体が同じ空間で生活することで，双方もしくは一方が利益を得る関係である。単独で存在するときと比較して，双方の適応度が上昇する関係を双利共生，一方のみの適応度が上昇し，もう一方は変化しない関係を片利共生という。

1.3.3 群集

群集（Community）は，同じ生態系内に生息・生育する異なる生物種の個体群の集まりである。それぞれの環境に応じた生物種の様々な生物間相互作用と非生物要素との関係の結果，環境ごとに特異的な種構成，構造を持つ群集が成立する。群集は，特定の生活型で表される場合（動物群集，植物群集，微生物群集など）もあれば，特定の生態系タイプで表される場合（森林群集，草地群集，干潟群集など）もある。

群集内に存在する生物間相互作用のうち捕食・被食関係を積み重ねたものが食物連鎖である。これは捕食・被食関係を介した物質（有機物）の移動と捉えることもできる。食物連鎖には，異なる栄養源を利用する生物が複数の段階に存在する。この段階のことを栄養段階という。現実の生物群集では，捕食・被食関係は1対1ではなく複数対複数であるため，1本の鎖ではなく網のように

なる。このような食物連鎖の全体像を食物網という。食物網の構造は生態系の安定性と深く関係している。複雑な栄養段階が存在し，栄養段階間でより多くの捕食・被食関係を含む食物網を持つ生態系ほど安定している傾向がある（**コラム 1-2**）。例えば，1対1対応のみの食物網（食物連鎖）や下位の栄養段階が特定の生物種のみに依存した食物網の場合，特定の種がいなくなった場合，上の栄養段階の生物種も生存できなくなる（**図 1-7**）。

　群集内では，複数の生物種が複数の生物種と様々な生物間相互作用を形成している。そのため，ある生物種が直接的に相互作用している生物種に影響するだけでなく，相互作用している生物種を介して間接的に別の生物種に影響することがある。このような食物網を関した間接的な効果をカスケード効果という。例えば，カスケード効果によって群集内での優占の程度が小さい生物種が，生態系全体に大きな影響を及ぼすこともある。

　群集，特に植物群集の種構成や構造が時間とともに変化することを遷移（Succession）という。過去に植物群集が存在しなかった場所で始まる遷移を一次遷移という。例えば，火山が噴火し，冷えて固まった溶岩上にコケ類や地衣

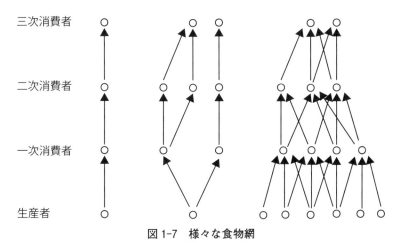

図 1-7　様々な食物網
矢印が食う・食われるの関係を意味する
生産者，一，二，三次消費者については2章参照

コラム 1-2　平衡と安定

　平衡とは，物体やそれに準ずる対象がある状態でつり合いが取れている状態のことである。それに対して安定とは，平衡状態から何かしらの影響で逸脱しても最終的に元に戻ることができる状態のことである。**図 1-8** のような場所にボールが置かれているとする。AとBの場所に置かれたボールは，外から力を加えない限り動くことはない。この状態が平衡である。このときボールを押すと，Aにあるボールは左右に一定動いたのち最終的にはAの位置に戻る。この状態が安定である。一方で，BにあるボールはAかCに移動した後，Bに戻ることはない。つまりAは平衡かつ安定，Bは平衡かつ不安定な状態である。

　生態系は，気象変動，火事，台風，大雨，干ばつ，害虫や病原菌の大発生など様々な外圧（撹乱，Disturbance）を受けることがある。撹乱を受けた際に元の状態に近づくかどうかを生態系の安定性と捉えることができる。

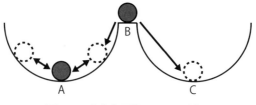

図 1-8　安定と平衡のイメージ図

類などが定着し，その後数百年以上かけて草本植物，低木，陽樹（明るい環境に適した樹木），陰樹（暗い環境に適した樹木）という順番で優占種が置き換わっていく。それに対して，一度成立した植物群集が何かしらの撹乱を受けて消失した跡で始まる遷移を二次遷移という。二次遷移では，発達した土壌層や土壌中の植物の種子が存在する状態から遷移が始まるため，最終的に成立する植物群集（極相）に到達するまでの時間が一次遷移よりも短いことが多い。

演習問題

1. 人間を (1) 主体と捉えたときの環境，(2) 環境と捉えたときの主体の例をそれぞれ 1 つ挙げ，その際に起こりうる環境作用，応答について説明しなさい。

2. 明るい環境に適した植物と暗い環境に適した植物について，光補償点と光飽和点および光飽和点における光合成速度の違いがわかるように**図 1-4** のような光の強さと光合成速度の関係の図（線）を描きなさい。また，その図（線）の違いについて説明しなさい。

3. **図 1-5** について，幼若型，安定型，老齢型の個体群において，それぞれの個体群サイズの時間変化の図（x 軸に時間，y 軸に個体群サイズ）を描きなさい。またその図の変化について説明しなさい。

2章 生態系の機能

2.1 生態系

2.1.1 生態系とその機能

生態系（Ecosystem）は，「一定の空間における全ての動物，植物および物理的相互作用を含むもの」と1935年にイギリスの植物生態学者であるタンズリー（A. G. Tansley）によって定義された。言い換えると，動物と植物に限らず菌類や原生生物を含むすべての生物と大気，水，土壌などの非生物要素からなるシステムということである。生態系は，日常的に使われている「自然環境」という言葉に近い意味を持つ専門用語と言っても，おおよそ問題はないだろう。

生態系は，単に生物と非生物要素の集まりではなく，それぞれが互いに関係しあうことで様々な機能を持っている。構築された構成要素間の関係によって多くの生物種の共存，生命活動に必要なエネルギーの取り込み，生物体を構成する物質の生産とリサイクルなどが可能になる。生態系が持つ機能は多岐にわたり，また各生態系によって多種多様であり，それらの詳細については以降の章で説明する。

なお生態系レベルにおける生態学の興味は，生態系を構成する物質の循環やエネルギーの流れであることが多い。この考えに基づくと，例えば，生物個体は生態系の中に存在する物質やエネルギーのストックと捉えることになり，生物の生死を問わないこともある。

2.1.2 生態系サービス

生態系が持つ機能のうち，人間にとって有益な機能を生態系サービスという。これはおおよそ「自然の恩恵」と近い意味で捉えて差しつかえないだろう。生

表 2-1　4 つの生態系サービス

種類	機能	例
供給サービス	衣食住に必要なものの提供	食料，水，木材，燃料の供給など
調節サービス	気候や外的環境要因の調節，制御	気候，水質，洪水の調節，病気の制御など
文化的サービス	精神的・文化的利益	景観，観光，レクレーション，文化的遺産，精神的な恩恵など
基盤サービス	上記の 3 つの基盤となるサービス	有機物の生産，無機塩類の循環，土壌の形成など

態系サービスを経済指標，つまり金銭価値で評価すると，ある算出方法によると地球全体で 32 兆ドル/年ともいわれ，これは地球上の GDP の約 2 倍に相当する（算出方法によって金額は様々であるが，いずれにしてもとてつもなく大きな金額である）。人間はこれだけの大きな経済的な価値をただ生態系が存在するだけで得ている。裏を返せば人間活動によって生態系の機能の低下や消失が起きた場合，それまで享受してきた生態系サービスに相当する経済的損失を被るということでもある。

　生態系サービスは 4 つに分類される（表2-1）。供給サービスは，食料，水，木材，燃料など，生態系から供給される物的なサービスである。調節サービスには生態系の存在が気候（気温，降水量，風など）を調節し，洪水，干ばつ，病害虫の発生の頻度やその強度などを制御する機能が含まれる。文化的サービスには，山や海のレジャーや自然を対象とする宗教的な行為，環境教育など精神的な恩恵などが該当する。これら 3 つのサービスは，基盤サービスの上に成り立っている。基盤サービスには，光合成による一次生産（2.2 参照），水の循環（4章参照），土壌の形成（5 章参照）などが含まれる。

2.1.3　生態系における生物の役割

　生態系における生物は，生態系というシステムが機能するうえでの構成要素

の1つである。この意味において生物は，2つ（独立栄養生物，従属栄養生物）もしくは3つ（生産者，消費者，分解者）に分類される。どちらの分類においても有機物（生物体の主要構成要素，5，6章参照）を自分自身で生産できるかどうかが分類の基準となっている。

　生産者は，エネルギー（主に太陽エネルギー）を利用して無機物（6章参照）から有機物を生産する生物のことであり，独立栄養生物ともいう。陸上であれば植物，水界であれば珪藻や植物プランクトンが主要な生産者に相当する。生産者が作り出した有機物に依存している生物を消費者または分解者，まとめて従属栄養生物という。消費者は生産者が作り出した有機物を食べる生物で，多くの動物がこれに相当する。消費者のうち生産者を食べる生物を一次消費者，一次消費者を食べる生物を二次消費者，以下三次，四次…消費者と呼ぶ。従属栄養生物のうち分解者は，生物の遺骸や排泄物，つまり死んだ有機物（これをデトリタスという）を食べる生物のことである。分解者が有機物を食べることで，有機物は最終的に無機物になり，再び生産者が利用可能になる（5章参照）。つまり分解者は生態系における物質のリサイクル機能を担っている。

2.1.4　食物連鎖

　生態系内での生産者，消費者，分解者の間の捕食－被食関係のつながりを食物連鎖（もしくは食物網）という。1つの生態系における食物連鎖は，生物の体を介した物質とエネルギーの移動と捉えることができる（**図2-1**）。生産者によって大気中の二酸化炭素と無機物から作り出された有機物は，食物連鎖を介して一次消費者からより高次の消費者に移動する。生産者と消費者の遺骸や排泄物であるデトリタスは分解者に移動し，有機物中の炭素は二酸化炭素として大気中に放出され，その残りが最終的に無機物となり，再び生産者が利用する（5章参照）。このように生物間相互作用が生態系内で物質を移動・循環させることで生態系全体が機能し，結果的に生態系内の生物の生命活動を支えているのである。

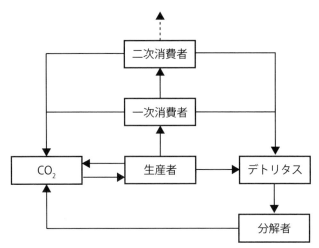

図 2-1　食物連鎖に伴う生態系内の物質の移動

2.2　物質生産

　物質生産とは，生態系全体における物質の総量やその変化のことを指す。これは，一般的に対象となる生態系における個体レベルでの生存・死亡や成長・繁殖による個体重量（実際には水分を取り除いた乾燥重量）の変化を足し合わせた重量（バイオマス）で表記する。

2.2.1　光合成と一次生産

　生態系における有機物の一連の流れは，生産者から始まる。生産者による有機物の生産のことを一次生産といい，対象の生態系の生産力の指標となることが多い。一次生産は，主に光合成によって起こる（1章参照）。個々の生産者個体が光合成によって作り出した有機物を，生態系全体で足し合わせた総量を総一次生産量，単位時間当たりの生産量を総一次生産速度という。総一次生産量の一部は，生産者が生命活動のために行う呼吸によって二酸化炭素の形で大気中に放出される。総一次生産量から呼吸によって失った有機物量（呼吸量）を

差し引いた有機物量を，純一次生産量（単位時間当たりの値の場合は純一次生産速度）という（図2-2）。

　純一次生産量の一部は枯死脱落する。陸上生態系の場合，落葉落枝（これをリターといい，リターには土壌中の枯死した根も含まれる）として土壌に有機物が供給され，分解者によって最終的に無機物になる（枯死脱落量）。また，純一次生産量の一部は一次消費者に食べられる（被食量）。純一次生産量から枯死脱落量と被食量を差し引いた量が生態系における生産者の成長量となる（これは個々

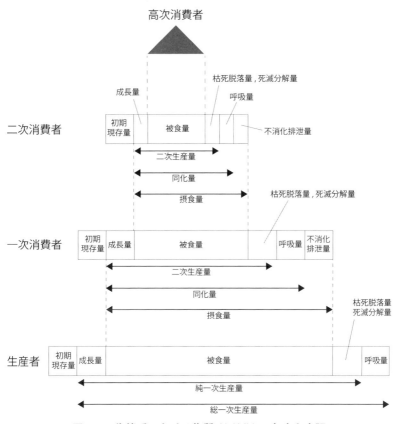

図2-2　生態系における物質（有機物）の収支と内訳

の個体の成長でなく生態系全体での有機物の増加量のことである)。ある時点における各栄養段階の生物の総量を現存量とすると、現存量と成長量を足し合わせた値が次の時点における現存量になる。

2.2.2 二次生産

　二次生産とは、一次生産による有機物を利用した消費者による有機物の生産過程のことである。ここでいう有機物の生産とは、消費者が生産者を食べ、それが消費者の体の一部に作り替えられるという意味である。二次生産のスタートは、生産者の被食量であり、これは一次消費者からみると摂食量となる(**図2-2**)。一次消費者が摂食した有機物のうち、一部は消化できず吐き戻しや排泄物という形で体外に排出される(不消化排出量)。摂食量から不消化排出量を差し引いた量が一次消費者の体に取り込まれた量(同化量)となる。同化量の一部は呼吸で失われ、一部は死亡し分解され(死滅分解量)、一部は二次消費者に食べられる(被食量)。同化量からこれらを差し引いた残りが一次消費者の成長量となる。以降ある栄養段階における被食量がその1つ上の栄養段階における摂食量となる。

　また、**図2-2**から食物連鎖の栄養段階が上がるとき、食べた有機物のすべてが生物体内に同化されるわけではないということがわかる。ここから摂食量に対する同化量の割合、つまり食べた量のうち体に取り込める量の割合を有機物の変換効率と捉えることができる。変換効率は、農業、漁業生産物の生産効率などを考えるときに用いられることがある。例えば、畜産において、鶏、豚、牛(肉牛)からそれぞれ鶏肉、豚肉、牛肉を1kg得るために必要な飼料の量は、鶏、豚、牛の順に小さい(**図2-3**)。また、近年話題になったコオロギの場合、必要の飼料は鶏肉より少ない。これは摂食量に対する二次生産量が大きい、つまり少ない餌(植物)でより多くの食料生産が可能であることを意味する。

2.2.3 地球上の物質生産の分布

　地球上の生態系における物質生産は、空間的に不均質である。つまり有機物

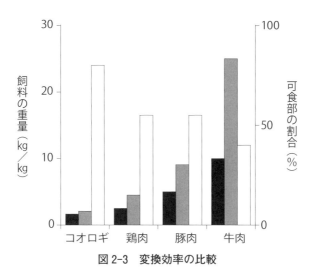

図 2-3　変換効率の比較

左の y 軸は体重（黒色）および可食部（灰色）1 kg を生産するために必要な飼料の重量（kg），右側の y 軸は個体中の可食部の割合（白色，%）を示す。Van Huis（2013）より改訂

の生産性が高い地域や生態系もあれば低い地域や生態系もあるということだ。このような地域や生態系による生産性の違いは，現存量と純一次生産速度およびこの 2 つの関係性に依存する。

　現存量は，ある時点における対象の生態系内の有機物の総量といえる。地球上の全現存量のうち約 99 % が陸上生態系，特に 90 % が森林生態系に存在する（**表 2-2**）。単位面積当たりの現存量においても同様の傾向があり，特に熱帯多雨林で大きい。

　純一次生産速度（単位時間当たりの純一次生産量）は，生態系の正味の炭素獲得量と捉えることができる。陸上生態系における純一次生産速度は，主に気候条件（気温と降水量）に強く影響される。一般的に温暖で降水量が多い地域，つまり低緯度地域ほど純一次生産速度が大きい傾向がある。それに対して海洋生態系では，このような傾向は見られない。海洋生態系における純一次生産速度は，河川や海洋の深層水（水深が深い場所からくる水）に含まれる栄養塩の供給の程度に依存することが多い。

表 2-2　各生態系における面積，純一次生産速度，現存量

	面積 (10^6 km^2)	純一次生産速度 (10^9 t/年)	現存量 (t)
熱帯多雨林	17	37.4	765
熱帯季節林	7.5	12	260
温帯常緑樹林	5	6.5	175
温帯落葉樹林	7	8.4	210
北方針葉樹林	12	9.6	240
疎林，低木林	8.5	5.95	50
サバンナ	15	13.5	60
温帯イネ科草原	9	5.4	14
ツンドラ，高山荒原	8	1.12	5
砂漠，半砂漠	18	1.62	13
岩質・砂質砂漠，氷原	24	0.072	0.5
耕地	14	9.1	14
沼沢，湿地	2	4	30
湖沼，河川	2	0.5	0.05
陸地合計	149	115	1837
外洋	332	41.5	1.0
湧昇海域	0.4	0.2	0.008
大陸棚	26.6	9.6	0.27
藻場・サンゴ礁	0.6	1.6	1.2
入江	1.4	2.1	1.4
海洋合計	361	55	3.9
地球合計	510	170	1841

Whittaker (1975) のデータより作成

　現存量と純一次生産速度の関係は，各生態系の特徴をよく表している。この2つの関係は，例えるなら"貯金"と"収入"のようなものである。例えば，収入が多くても支出が多ければ貯金は少ないこともあるだろう。逆に収入が少

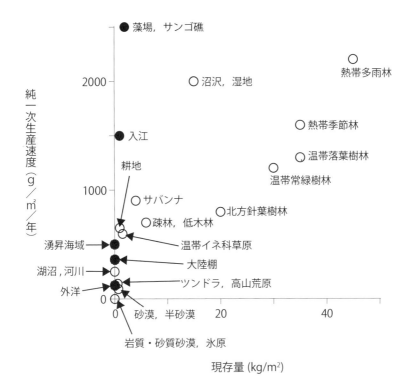

図 2-4　各生態系における単位面積当たりの現存量と純一次生産速度の関係
○は陸上生態系，●は海洋生態系を示す
Whittaker (1975) のデータより作成

なくても支出が少なければ貯金は多いこともあるだろう。生態系における現存量は，純一次生産による有機物の蓄積量と分解者による有機物の消失量の差といえる。例えば，海洋生態系のサンゴ礁や藻場における単位面積当たりの純一次生産速度は陸上生態系の熱帯多雨林よりも大きい一方で，単位面積当たりの現存量は 1/20 以下である（**図 2-4**）。これは生産された有機物の大半が分解されることで，有機物の蓄積が起きていないことを意味する。

2.3 物質の収支と循環

2.3.1 物質循環

　生態系の内外では，様々な物質が生物と生物，生物と非生物的環境の間を循環している。このような物質の循環において大気，土壌，地殻，水，生物などが物質の器として機能している。物質は，器と器の間をその形態を変えながら常に移動・交換している。生態系内の物質の収支は，そのインプットとアウトプットの関係で決定される。つまり，インプットのほうが大きければ生態系内に物質が蓄積し，アウトプットのほうが大きければ物質は消失する。

2.3.2 炭素の収支と循環

　生態系における物質循環は，特定の元素に着目して生態系内での収支や循環について評価・解析することが多い。ここでは，炭素（Carbon, C）について着目する。炭素は地球上の生物体を構成する主要元素であり，有機物の必須構成要素である。そのため，生態系の最も基礎になる元素ともいえる。

　生態系への炭素のインプットは，主に光合成によって起こる（**図 2-5**）。光合成によって大気中の二酸化炭素がグルコースに変換されることで，植物や植物プランクトンなどの生産者の体の構成要素となる。取り込まれた炭素は食物連鎖を介して動物が利用し，生物体，デトリタス，泥炭（10 章参照）などの形で生態系内にストックされる。

　このように生態系に取り込まれた炭素のアウトプットは，生物の呼吸によって起こる。生物体に取り込まれた炭素は，呼吸によって酸素（O_2）と反応し，二酸化炭素（CO_2）となる。また，デトリタス中の炭素は分解者の体に取り込まれ，分解者の呼吸によって二酸化炭素になる。このように基本的に生態系内に取り込まれた炭素は，様々な途中過程を経て最終的に二酸化炭素として大気中に放出される。放出された二酸化炭素は，地球全体を循環して再び生態系に取り込まれる。一方で，有機物中の炭素の一部は，分解されずに形を変えて生態系内に数百万年から数億年単位の時間をかけて化石燃料（石油，石炭，天然ガス

2章 生態系の機能　25

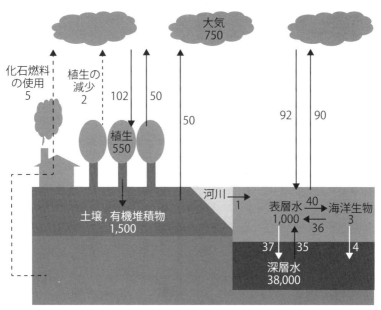

図 2-5　地球上の炭素の収支と循環

単位は 10 億 t/年である
国立環境研究所地球環境センター資料より作成

など）の形で蓄積する。

　現在深刻な環境問題となっている地球温暖化の原因の1つである大気中の二酸化炭素濃度の上昇は，生態系における炭素の収支と循環の改変の結果であり，これは人間活動の結果である可能性がきわめて高い。地球規模での森林，特に現存量，純一次生産速度が大きい熱帯多雨林の消失は，光合成による二酸化炭素の吸収の減少を引き起こした。また，エネルギー資源としての化石燃料の使用は，とどのつまり化石燃料に含まれる炭素を酸素と反応させることで，これまで地下深くにストックされていた炭素を二酸化炭素の形で大気中に放出することを意味する。すなわち，生態系への炭素のインプットが減少した一方で，生態系からの炭素のアウトプットが増加した結果といえる。

演習問題

1. 森林生態系が持つ生態系サービスについて，(1) 供給サービス，(2) 調節サービス，(3) 文化的サービスの例を具体的に挙げて，どのような機能によってそれぞれのサービスが提供されているのかを説明しなさい。

2. 近年，牛肉，豚肉，鶏肉などの代替肉として，大豆ミートが注目を集めている。食物連鎖における変換効率の点から大豆ミートの利点について説明しなさい。

3. 近年，地球温暖化の対策の1つとして，トウモロコシなどから生成するバイオエタノールが注目されている。なぜこれが地球温暖化の対策になるのかを，地球上の炭素の収支と循環の点から説明しなさい。

3章 人間活動と生態系の歴史

3.1 人類と生態系の歴史

　数千年の間，人類は地球環境を破壊し続けてきた，文明の発展が環境破壊につながった，昔の人は自然と共生してきた，といった内容（もしくはこれらに近い内容）をこれまでに聞いたことはあるかと思う。では人類が生態系に対していつ，どのように，どの程度の影響を及ぼしたのか？

3.1.1 ヒトの出現と拡散

　人類の生物学における正式な名前は，和名ではヒト，学名（世界共通の名前，ラテン語で表記）では *Homo sapiens*（ホモ・サピエンス）という。ヒトの祖先は700〜600万年前に類人猿から分化したと考えられる（図3-1）。それからいくつ

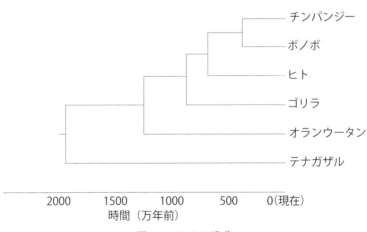

図3-1　ヒトの進化

JA全農ウィークリーのwebサイトを元に作成

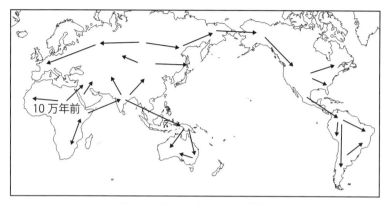

図 3-2 ヒトの分布の拡大過程

Simon et al.（2010）を元に作成

かの種分化（ある生物種から別の新しい生物種が生まれること）を経て，約 20 万年前に現代のヒトの直接的な祖先がアフリカで出現したと考えられる。

その後，ヒトはアフリカから西アジア，ヨーロッパや東南アジア，東南アジアからオセアニア，南太平洋島嶼にまで拡散した（図 3-2）。またユーラシア大陸からベーリング海峡を渡り，北米大陸，南米大陸にまで達した。結果的に，ヒトは遅くとも 3,000 年前には地球上のほぼ全域に分布を拡大させた。

このヒトの分布範囲は，地球上の他の生物種と比較すると非常に広い。自然分布域がこれほど広い生物種はほとんど存在しない。例えば，他の生物種が分布域を拡大していくと，その種の生存・繁殖にとって厳しい環境に遭遇するだろう。このとき，突然変異の結果，その環境で生存・繁殖できる個体が出現すれば，その個体の子孫が繁栄することができるだろう（1 章参照）。このように分布の拡大に伴って突然変異と自然淘汰が続くと，元の生物種と交配不可能な新たな生物種が生まれる。つまり，地球上の多くの生物種は，1 つの種という交配可能な集団を維持したまま地球全域にまで分布を拡大することは難しい。この点においてヒトは，地球上の生物種の中で特異な種と言える。

3.1.2 狩猟・採集の開始

ヒトの衣食住，特に食料を得る主な手段は，最初は狩猟・採集であった。狩猟・採集とは，とどのつまり自然の生態系に存在する生物や生物由来の収穫物から衣食住に必要なものを得ることである。そのため，生態系における現存量や生産速度によってヒトの環境収容力，つまり個体群密度（人口）の上限が決定されていた。

この当時のヒトによる狩猟・採集は，生態系に対して一定の負荷をかけていたと考えられている。当時のヒトは，ある場所で狩猟・採集を行い，対象がいなくなると他の場所に移動して狩猟・採集を行うという資源の利用の仕方をしていたと考えられる。これは長期的かつ持続的な利用という考えに基づいていない。さらに，狩猟・採集技術の向上によっていくつかの生物種，特に発見・狩猟が比較的容易な大型哺乳動物（マンモスなど）が絶滅に追い込まれたと考えられている。

3.1.3 農耕の発展

約1万年前からヒトの生活の基盤が狩猟・採集から農耕に移行し始めた。農耕は複数の地域で始まり，それぞれから世界中に拡大した。狩猟・採集が自然の生態系から収穫物を得るのに対して，農耕は人為的に生産性を高めた生態系から収穫物を得る手段である。また，農耕による収穫量は，狩猟・採集と比較すると季節変動や年変動が小さく，収穫物の安定的な供給が可能である。農耕の発展と拡大によって収穫物，特に食料の安定的な確保が可能になり，結果的に地球上の人口が増加した（**図 3-3**）。

農耕の発展による人口の増加は，新たな食料需要を生み出した。新たな食料需要を満たすためにヒトは農耕地を拡大し，さらなる人口の増加と食料需要を生み出した。このような正のフィードバック（何らかの原因で変化が起こったときに，その変化をさらに強めるような作用が働くこと）が進行する中，都市部への人口の集中やそれに伴う大規模な土木工事，それに必要な木材や石材などの過剰使用，また農耕に適していない場所での農業や過剰な収穫など持続可能性が

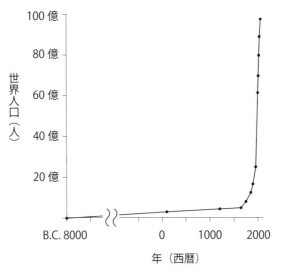

図 3-3　地球上のヒトの個体群サイズ（世界人口）の時間変化
PRB の web サイトのデータに基づき作成

低い農業といった人為的な生態系の改変が進んだ。これらの生態系の改変による影響の多くは，改変が起きた地域とその近隣に限定されていた。

3.1.4　文明の発展

　15 世紀以降，世界中でヒトとモノの移動が活発化し，それに伴って文明の普及は，人為的な生態系の改変の範囲と強さをさらに大きくした。特に，18 世紀後半に起きた産業革命は，大量生産と大量消費によって成り立つ現代社会の形成に大きく寄与した。

　産業革命以降の人間活動による生態系の改変の特徴の 1 つが，その影響が，改変が起きた地域だけにとどまらず，他の地域，さらには地球規模にまで波及することである。例えば，地球温暖化の原因は，主に先進国におけるエネルギー獲得のための化石燃料の使用や，食料生産のための森林の農地化などによる大気中の二酸化炭素濃度の上昇である（2 章参照）。しかしながら，その影響は

3章　人間活動と生態系の歴史　31

先進国に限らず地球上の多くの地域に及んでいる。

3.1.5　ヒトの個体群サイズの変化

　以上のようにヒトという生物種は，文明の発展とともに人口を増加させ，生態系への負荷を強めてきた。この人口増加と生態系への負荷を生態学の視点で捉えてみる。

　生物の個体群サイズは，一般的に最初は指数関数的に増加し，その後，増加率が減少しながらその環境での上限の個体数（環境収容力）付近で頭打ちになり変化しなくなる（1章参照）。これは密度の増加に伴って，有限である資源や空間をめぐる競争の増加や遺骸や排泄物などの蓄積による衛生状態の悪化といった環境抵抗の増加によって，個体群の成長が制限されたことによる。

　ヒトの個体群サイズは現在も指数関数的な増加を継続しており，さらに近い将来においてもこれが継続すると予測されている（図3-3）。これは文明の発展，例えば化石燃料などのエネルギーの利用，かんがいや化学肥料の使用による農業生産量の増加（9章参照）などによって，地球上のヒトが生活可能な個体群サイズ（環境収容力）が増加したといえる。しかしながら，いうまでもなく個体群サイズの増加は環境への負荷をさらに増加させる。そして，地球上の空間や資源はいずれ上限に達するだろう。

3.2　環境負荷の定量化

　「人間活動が地球環境を悪化させている」というような類の主張を，少なからず聞いたことはあるだろう。この類の主張に説得力を持たせるためには客観的な根拠が必要である。客観的な根拠を示すための最も一般的な方法は，何かしらの数値で表すことである。ここでは人間活動による環境負荷の定量化の代表的な例を2つ紹介する。

3.2.1 エコロジカル・フットプリント

エコロジカル・フットプリント（Ecological Footprint, EF）は，人間活動による環境負荷を定量化するための指数の1つである。直訳すると「生態学的な足跡」となり，これには人間が環境を踏みつけた足跡というニュアンスが含まれる。この指標は生物資源の利用圧を総合的に評価することが可能であり，人口の増加や経済成長などの影響を強く受ける。

EFは，人間活動にどのくらい土地を使用されているかで定量化される。この指標の単位は，土地の面積（グローバルヘクタール，gha，世界の陸地・水域の平均的な生産力）である。つまり利用した生物資源を生産するために必要な面積ということである。例えば，農作物であればそれらを生産するために必要な耕作地，畜産物であれば対象の家畜を育てるために必要な牧草地や飼料を栽培するための耕作地，木材であれば森林，水産資源であれば海洋や河川，湖沼の面積から算出する。道路や工場などのインフラはそれらの面積となる。また，化石燃料については，使用した際に排出する二酸化炭素を植物が光合成によって吸収するために必要な森林の面積として算出する。このようにEFを面積で算出するのは，地球上の多くの資源が有機物由来であり，それは光合成による一次生産に依存する，つまり太陽エネルギーが降り注ぐ地球の表面積に依存するという考えに基づいているからである。

これらの面積の合計値の空間的・時間的な変動から環境負荷について様々な評価・分析ができる。例えば，地球全体のEFと地球の表面積を比較することで，人間活動による環境負荷が地球の許容量を超えたかを判断する基準の1つになりうる。実際に，地球全体のEFは1970年代以降地球の全表面積を超えて，2010年代には全表面積の1.4倍を超えている（**図3-4**）。この増加の最も大きな原因は，化石燃料の使用による二酸化炭素の排出である。また，国や地域によってEFに大きなばらつきがある（**図3-5**）。この値を人口と1人当たりの値の変化という2つの要素に分けてみると，EFの変化の原因を推測することができる（**図3-6**）。近年の地球上のEFの増加の原因は，地域によって異なる。先進国が多い地域（北米・EUなど）では1人当たりのEFの増加が主な原因であり，

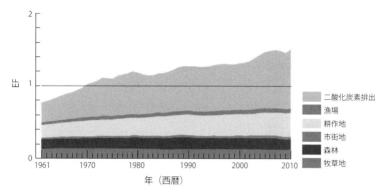

図3-4 地球上のエコロジカル・フットプリント（EF）の時間変化
地球の表面積を1としたときの相対値を示す
WWF（2014）より改訂

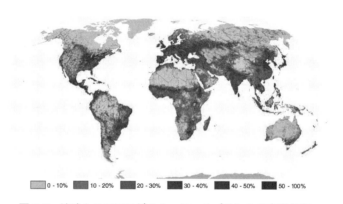

図3-5 地球上のエコロジカル・フットプリントの空間分布
人口密度，土地改変，電力施設の普及の程度，土地利用状況に基づく影響の大きさの最大値を100%としたときの相対値を示す
Kareiva et al.（2007）より改訂

これは生活水準の向上による大量消費型の生活スタイルがさらに進行したことを示唆する。それに対して発展途上国が多い地域におけるEFの増加は，人口の増加が主な原因である。

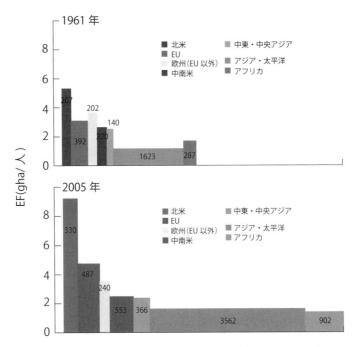

図 3-6　1961 年と 2005 年における地域別のエコロジカル・フットプリント (EF)
　　x 軸は各地域の人口 (100 万人)，y 軸は各地域における 1 人当たりの EF の平均値
　　を示す．図中の数値は各地域における人口 (x 軸の値) を示す．各地域の x 軸の値
　　と y 軸の値の積 (つまり図の長方形の面積) が各地域の総 EF に相当する
　　WWF (2008) より改訂

3.2.2　生きている生物指数

　EF とは別の環境負荷の指標として生きている生物指数 (Living Planet Index, LPI) がある．LPI は環境そのものではなく環境負荷に伴う生物，特に 1,500 種以上の野生動物の個体数の変化に基づいた指標である．野生動物の個体数の減少や絶滅の主な原因は，農耕地の拡大，森林伐採，インフラ建設などによる生息地の消失である．これらの効果は EF では検出しづらい傾向がある．なぜなら EF では二酸化炭素の排出の効果が強く反映されるからである．

　LPI は，自然環境の状態変化を評価する．例えば，世界全体の LPI は，1970

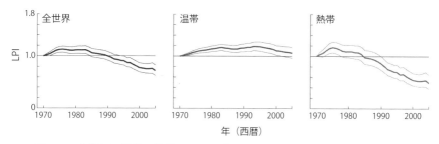

図 3-7 全世界，温帯，熱帯における生きている地球指数（LPI）の時間変化
1970年における値を1としたときの相対値を示す．太線がLPIの値，細線はデータの信頼区間を示す
WWF (2008) より改訂

年から2005年の間に約70％にまで減少している（図3-7）．地域別にみると，温帯域では2005年におけるIPIは1970年と同水準であったのに対して，熱帯域では約50％にまで減少した．LPIで扱う野生動物には様々な分類群が含まれており，それぞれの変化の意味は必ずしも等価ではない．そのため，個々の種や地域別に数値を精査し，また，他の指標も併せて包括的に環境負荷を評価する必要がある．

3.3 地球上の環境問題

3.3.1 環境問題の分類

現在，地球上には多種多様な環境問題が存在するが，地球規模で起きている問題は，生態系に及ぼす影響の特性に基づいて大きく4つのカテゴリーに分類できる（表3-1）．この4つはそれぞれをさらに細分類することで12の環境問題に分類することができる．

3.3.2 環境問題の現状

これらの環境問題の深刻さの程度は様々である．表3-2は各環境問題が地球という生態系の持続可能性に基づいた安全限界からどの程度逸脱しているかを

表 3-1　地球上の環境問題の分類

大分類	小分類
生物多様性の損失	生息地・生育地の消失
	野生生物の消失に伴う食料資源の減少
	種多様性の減少に伴う生物間相互作用の消失
非生物的資源の消失	土壌浸食に伴う土壌環境の消失
	化石燃料の減少
	資源としての水の減少
	光合成能力（一次生産力）の低下
地球環境の悪化の直接的な要因	有害物質による汚染
	侵略的外来生物の侵入・拡大
	大気中の温室効果ガス濃度の上昇
地球環境の悪化の間接的な要因	地球上の人口の増加
	人間 1 人当たりの環境負荷の増加

矢原（2015）より改訂

示している。例えば，地球温暖化などの気候変動の問題の指標である二酸化炭素濃度をみると，現在の 387 ppm は産業革命前（つまり地球規模の環境問題が起きる前）の 280 ppm と比較して約 38 ％増加しており，かつ限界値である 350 ppm を超過している。それに対してオゾン濃度は，産業革命以前よりも減少しているが，限界値を下回ってはいない。いうまでもなく限界を下回っていないから問題がない，ということではなく，深刻さの程度が"マシ"と言っているだけである。また，現時点で十分な科学的な根拠がないため，安全限界を超えているかどうかを判断できないようなケースも存在する。

3章　人間活動と生態系の歴史　37

表 3-2　地球環境問題の各指標の限界値，現在と産業革命前の値

地球システムプロセス	パラメータ	限界値	現在	産業革命前
気候変動	大気中の二酸化炭素（体積）濃度（ppmV）	350	387	280
	放射強制力	1	1.5	0
生物多様性の消失率	種の絶滅率（種数/100万種/年）	10	>100	0.1-1
窒素の循環	人間の使用による大気から N_2 の除去量（100万t/年）	35	121	0
リンの循環	海洋へのリンの流入量（100万t/年）	11	8.5-9.5	−1
成層圏のオゾン層の破壊	オゾン濃度[1]	276	283	290
海洋の酸性化	海面水中のアラゴナイトの全球平均飽和度[2]	2.75	2.9	3.44
世界の淡水の利用	淡水の消費量（km^3/年）	4,000	2,600	415
土地利用の変化	世界の耕地へ変換された土地の面積の割合（%）	15	11.7	微量
大気中のエアロゾルの負荷	大気中の粒子状物質の濃度	未定	未定	未定
化学物質による汚染	残留性有機汚染物質，プラスチック，内分泌攪乱物質，重金属，核廃棄物の排出量や濃度と生態系や地球システムの機能への影響など	未定	未定	未定

[1]　地表から大気圏までの全オゾンを地表に集めたときの標準状態（0℃，1気圧）における厚さ（ドブソン単位）
[2]　アラゴナイト（造礁サンゴの骨格などの主成分）の生成されやすさで，値が小さいほど酸性であることを意味する
Rockström et al.（2009）より改訂

演習問題

1. **図 3-3** における世界人口の変化について，西暦 3000 年までの変化を予想して図示しなさい（x 軸に西暦，y 軸に世界人口の図を描きなさい）。また，その根拠を説明しなさい。

2. ヒトが狩猟・採集が中心の生活をしたとき，以下の 3 つの行動をした場合の，時間の経過に伴うヒトの個体群サイズの変化を図示しなさい。また，その根拠を説明しなさい。
   1）食料を目指して生息場所の面積を拡大する
   2）同じ生息場所で狩猟・採集の回数を増やす
   3）食料を目指して今の生息場所を捨てて同じ面積の新しい生息場所への移動を繰り返す

3. 世界の耕地面積の増加の結果，起きると考えられる生態系サービスの低下について，(1) 供給サービス，(2) 調節サービス，(3) 文化的サービスについて具体例を挙げ，説明しなさい。

4章 生態系における水

4.1 水の特性

4.1.1 水の特異性

　水は地球上の生命の維持のために不可欠な物質であり，また，生態系が機能するうえでも必須の物質である。しかしながら，地球に存在する物質の中で水は非常に特異な性質を持った物質であることは，あまり知られていないのではないだろうか。この水の特異性は，生態系が持つ機能，またその機能の1つである生態系サービスに深く関係している。

4.1.2 水の分子構造

　水は水素原子2つが酸素原子1つに結合した分子構造を持つ（図4-1）。水分

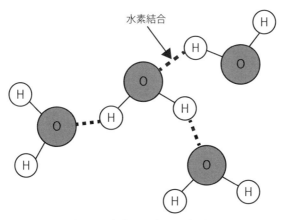

図4-1　水分子同士のつながり

表 4-1　水素化合物の物理的的特性

化合物	化学式	分子量	融点（℃）	沸点（℃）
メタン	CH_4	16	-183	-162
アンモニア	NH_3	17	-78	-33
水	H_2O	18	0	100
フッ化水素	HF	20	-84	20
シラン	SiH_4	32.1	-185	-11
ホスフィン	PH_3	34	-134	-87.8
硫化水素	H_2S	34.1	-85.5	-60.7
塩化水素	HCl	36.5	-114	-85

子は酸素原子を中心に「くの字」の形をしている。酸素原子はマイナスの電荷，水素原子はプラスの電荷を持っている。そのため，水分子全体でみると電気的に中性であるが，分子の中には電荷の偏りが存在する。その結果，近くに存在する異なる水分子の酸素原子と水素原子との間で電気的な力で結合する（図4-1）。この結合は水素結合と呼ばれ，一般的な原子間の結合と比較して非常に強い。この強い結合によって他の分子と比較して水は高い融点・沸点を持つ（表4-1，コラム 4-1）。

4.1.3　水の熱的性質

　水は，他の物質と比較して熱容量が突出して大きい。熱容量とは物体の温度を１ケルビン（絶対温度の単位）上昇（≒１℃上昇）させるために必要な熱量（≒エネルギー）のことである。熱容量が大きいということは，物体の温度を上昇させるためにより大きなエネルギーが必要ということである。これは水の分子構造と関係する（図4-1）。水素結合によって強く結びつく水分子間の結合を切り離すためには非常に大きなエネルギーが必要なのである。

　このような"熱しにくく冷めにくい"水の特性は，個体から生態系レベルにおいて様々な影響を及ぼす。例えば，外気温に関わらず恒温動物（哺乳類や鳥類など）の体温が一定に保たれている理由の１つには，体内に存在する水が温

コラム 4-1　分子構造と物質の状態変化

　地球上の物質は，様々な原子や分子が様々な様式で結びついている。この結合の強さによって物質の状態（固体，液体，気体）は決定する（**図 4-2**）。固体は，原子や分子同士が非常に強く結合している状態である。そのため，その物体の体積も形も大きく変化することはない。液体は，固体よりも弱い力で分子同士が結びついた状態で，その物体の体積は大きく変化しないが，形は大きく変化する。気体は，分子同士の結合が完全に切れて空間を自由に動き回っている状態で，体積も形も大きく変化する。

　通常，物体の温度が上昇すると固体から液体，そして気体に変化する。この"温度が上昇する"とは，分子の運動が活発になるということである。物体にエネルギーが加わると分子の運動が活発になる。この分子の運動が分子同士の結合よりも大きくなると結合が切れて状態が変化するわけである。

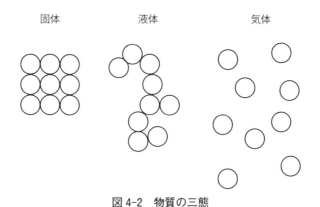

図 4-2　物質の三態

度の変化を抑制していることが挙げられる。また，地球の表面の約 73 % を海水が覆っていることは，地球上の気温が一定の範囲内に抑制されていることに寄与している。

4.1.4 水の極性

前述の通り，水には分子内部に電荷の偏り（極性）がある。この特性によって，他のイオンや極性分子が水中に入ると，水分子に取り囲まれた状態で安定化，つまり状態が変化しにくくなる。これは，様々な物質が水に溶けた状態で維持されるということである。このような優れた溶媒としての特性は，体内の生理反応の進行などに不可欠な特性といえる。例えば，植物が根から土壌中の無機塩類（6章参照）を吸収するためには，無機塩類が水に溶けてイオンの状態になり初めて吸収可能になる。

4.2 生態系における水の収支

4.2.1 地球上の水の分布と循環

地球上に存在する水の約97％は海水である。海水は蒸発し大気中で水蒸気となる（図4-3）。大気中の水蒸気は上昇し，上空で冷却され，降雨や降雪として陸上に落下する。このように陸上生態系にインプットされた水は，生態系内の様々なプロセスを経て地下水として堆積するほか，河川，湖沼，海洋にアウトプットされる。この陸上生態系におけるプロセスには様々な生物的・非生物的要因が関係する。

4.2.2 水文学

陸上生態系における水の流れを理解するために，まず水文学について説明する。水文学とは，陸域における水の循環に関する学問分野で，主な対象は森林（入口）と河川（出口）である。水文学は，森林科学の一分野として扱われることが多い。水文学で得られた知見は，治水，利水，砂防などに応用されている。

森林水文学編集委員会編（2007）によると，水文学における最も本質的な問いは，「陸上生態系に入った水はどうなるか？」である。もう少し具体的にいうと，「陸上生態系にどのように雨が降るのか？」，「降った雨はどのように土壌に浸み込み，蒸発し，河川に流れるのか？」，「土壌に浸み込んだ水はどのよ

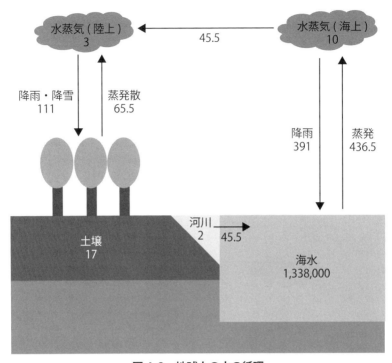

図 4-3　地球上の水の循環
単位は $10^3\,\mathrm{km}^3$（矢印の値は $10^3\,\mathrm{km}^3/年$）である。数値は Oki & Kanae (2006) に基づく

うに植物に取り込まれ，どのように植物から出ていくのか？」ということである。
　水文学の興味や考え方を理解するために簡単なモデルで説明する（図 4-4）。コンクリートやアスファルトで覆われた斜面に雨が降ったとする（a）。この場合，降った雨は地面に浸透することなく斜面の下方に流れていく。次に，同じ斜面に樹木もしくは樹木と同等の構造物が地表に存在すると仮定する（b）。ここに雨が降ると，降った雨の一部は樹冠（樹木の葉が密生している部分）にとどまり，下に落ちずそのまま蒸発する。その結果，下方に流れる水の量は（a）よりも減少する。次に，土壌に覆われた斜面に雨が降ったとする（c）。降った雨の一部は土壌に浸透するため，地表面を通って下方に流れる水の量は（a）よりも減少

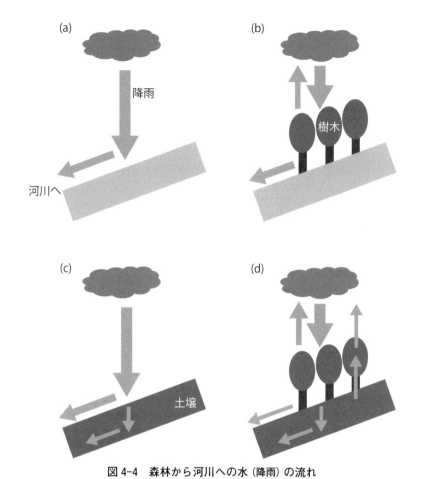

図 4-4　森林から河川への水（降雨）の流れ
(a) コンクリートやアスファルトの地面の斜面　(b) (a) の斜面に樹木の地上部のみ（根系なし）が存在　(c) 土壌で覆われた斜面　(d) (c) の斜面に樹木の地上部と地下部（根系）が存在
森林水文学編集委員会編 (2007) より改訂

する。今度は，地表面が土壌に覆われ，かつ樹木が存在する状況に雨が降った場合を仮定する (d)。樹木による遮断と土壌への浸透に加えて樹木が根から土壌中の水を吸い上げ葉から大気に放出する（この過程を蒸散という。詳細は 4.2.3 で説明）。その結果，下方に流れる水の量は (b) や (c) よりも減少する。このよ

うに降雨・降雪として陸上生態系にインプットされた水は，様々なプロセスを経て生態系外にアウトプットされる。

4.2.3 森林における水の供給と消失

図 4-4 の簡略された生態系における水の流れについて森林生態系を例にもう少し詳しく説明する（図 4-5）。森林における降雨量（便宜的に降雪は考えない）を林外雨量という。降雨の一部は樹冠を通過せずにそのまま蒸発し（樹冠遮断），

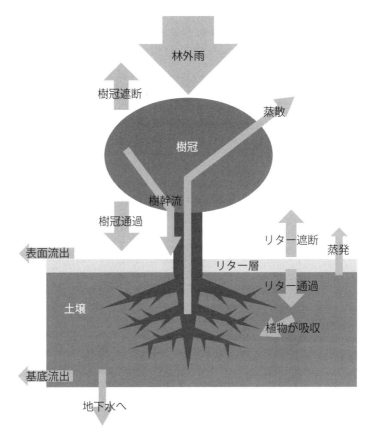

図 4-5 森林生態系における水の流れ
Chapin et al.（2011）より改訂

一部は通過する（樹冠通過雨）。樹冠を通過した水の一部は，さらにリター（落葉落枝）の層において遮断される（リター遮断）。そしてリターを通過した水が土壌に到達する。また，樹冠に達した雨の一部は，樹木の幹を伝って土壌に到達する（樹幹流）。つまり樹木の存在は，土壌に到達する雨の総量を変化させるだけでなく，雨量の空間的な不均質性を生み出す。例えば，樹木の直下ではその周囲よりも土壌に到達する雨量が多くなることがある。

土壌に到達した水の一部は，土壌表面から蒸発し，また地下に浸透することで土壌から消失する。土壌に入った水は，土壌粒子の隙間に保持される（5章参照）。この保持された水を植物は根から吸収する。根から吸収された水は，植物体内に留まるだけでなく，葉から放出される。

植物は光合成に必要な二酸化炭素を大気中から取り込む（図 4-6）。この取り込みは，葉の裏側面に存在する気孔を開放することで行う。しかし気孔を開放すると，二酸化炭素の取り込みと同時に植物体内から大気中への水の移動が起きる。このような植物が根から土壌中の水を吸収し，茎を通って葉から放出する過程を蒸散という。

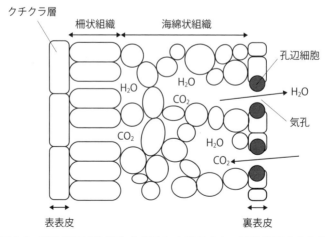

図 4-6　葉の断面（模式図）と気孔における水と二酸化炭素の出入り

地下に浸透した水は，一部が地下水として蓄積する一方で，一定の速度で河川に流入する。林外の雨量のうち樹冠，リター，土壌，樹木で遮断，利用，蓄積されなかった水は，地表面や基底を移動して河川に流入する。

4.2.4 森林構造の変化の影響

森林生態系に入った水は，様々なプロセスを経て土壌に蓄積し，あるいは大気と河川に放出される。これらのプロセスは，森林の構造の違いによっても大きな影響を受ける。例えば，森林を構成する樹木の種類や個体サイズ，密度が異なる場合，森林レベルでの光合成量と蒸散量も異なるだろう。

ここでは，北米における林地転換が生態系レベルでの水の収支の改変を引き起こした一例を挙げる。林地転換とは，人為的に森林を構成する樹種を別の樹種に置き換えることである。北米の落葉広葉樹（冬季や乾燥期に落葉する樹木）が優占する森林をストローブマツなどの常緑性（1年中葉をつけていること）の針葉樹が優占する森林に置き換えた。具体的に言うと落葉広葉樹をいったん伐採し，そこに針葉樹の苗木を植栽し成長させた。その結果，その森林から河川

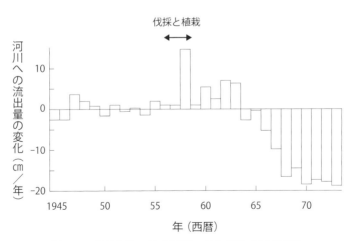

図 4-7　林地転換に伴う河川への年間流出量の変化
Swank & Douglass (1974) より改訂

に流入する水の量が大きく変化した（**図4-7**）。落葉広葉樹の伐採から10年間は河川への流入量が増加した。これは、これまで落葉広葉樹が蒸散によって土壌から吸収していた水が、伐採によって土壌から吸収されずに河川に流入した結果と考えられる。一方で、伐採から10年後以降、河川への流入量は減少し、伐採前よりも少なくなった。これは、成長した針葉樹の蒸散量が林地転換前の落葉広葉樹の蒸散量を上回った結果と考えられる。これは、例えば、冬季に落葉する、つまりその間蒸散による水の消失がなくなる落葉樹とは異なり、1年中葉をつけている常緑樹のほうが年間を通した蒸散量が大きかったことが原因かもしれない。

演習問題

1. 仮に地球上の海水の総量が現在の2倍になったとき、地球上の気温はどのように変化するか予想しなさい。またその理由についても水の分子構造に基づいて説明しなさい。

2. 侵略的外来樹木が優占した森林生態系において、保全目的でその外来樹木をすべて伐採した。その結果、周辺の河川の流量は (1) 増加、(2) 減少した。(1) と (2) のケースにおいて、伐採後の森林生態系の水の収支と循環がどのように変化したと考えられるかをそれぞれ説明しなさい。

3. 地球上の森林生態系の大部分は、一定以上の降水量がある地域に分布している。なぜか？　考えられる理由について生態系における水の収支と循環の点から説明しなさい。

生態系における土壌

5.1 土壌の基本特性

5.1.1 土壌とは

　私たちの日常生活でも少なからず土壌を見る・触れる機会があるだろう。ではそもそも土壌とは何か？　またどうやって作られるのか？　砂や岩石と何が違うのか？　といった疑問に正確に答えられる人は意外と少ないのではないか。

　松中（2003）によると土壌の定義は、「岩石が外界の影響によって物理的あるいは化学的に風化作用を受け、それに動物や植物の遺体が加わり、さらにその遺体が土壌生物の作用を受けて互いにまじりあい、一体になり、その与えられた環境で安定した状態（平衡状態）に移りつつあるか、平衡状態に達した自然物」とされている。この定義からわかることは、土壌は岩石由来の物質であり、生物の影響を受けて初めて生成される、ということである。

5.1.2 土壌の生成過程

　土壌の生成には主に2つの作用が必要となる。1つは風化作用、もう1つは土壌生成作用である。風化作用とは、土壌のもとになる岩石が細かくなること、土壌生成作用とは、細かくなった岩石に生物由来の物質が混ざることである（図5-1）。

　土壌の生成は、岩石が風化作用を受けることから始まる。土壌のもとになる岩石のことを母岩という。母岩が物理的、化学的な影響を受けることで小さく、細かくなる。例えば、母岩が温度変化を受けると膨張と収縮を繰り返すことになる。また、岩石の亀裂の隙間に水が入り凍結する、また植物の根が入り成長すると亀裂が拡大する。このような物理的な外圧によって母岩はもろくなり破

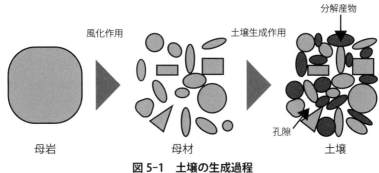

図 5-1 土壌の生成過程

砕する。また，雨水に含まれる炭酸によって母岩の一部は溶解・分解される。このような化学的な変化も風化作用の1つといえる。

このように物理的・化学的な風化作用を受けて母岩から変化した岩石を母材という。この段階では元の岩石が細かくなっただけでまだ土壌ではない。母材にまず藻類や微生物が定着，さらに地衣類（菌類の仲間）が定着する。定着したこれらの生物が死亡すると，その遺体を別の微生物が分解する（「分解」については5.2で説明）。この分解産物が蓄積し，さらに分解過程で生まれた化学物質が母材を化学的に風化する。以上が繰り返して起きることで，岩石由来の物質と生物由来の物質が混ざり合いながら蓄積し，土壌が生成する。

5.1.3　生態系における土壌の役割

地球上（陸上）の土壌の平均的な厚さは約18 cmである。地球の半径が約6,400 kmであることを考えれば，この値は非常にわずかな存在のように思える。しかし，そのわずかな存在が，陸上生態系が機能するうえで重要な役割を果たしている。

生態系が機能するうえで土壌が果たす役割として，まず生産機能が挙げられる。陸上生態系における生産者である植物の多くは，土壌に根を張ることで自身を支えている。また，植物は根から成長に必要な水や無機塩類を吸収している（6章参照）。このように土壌は，陸上生態系における生産者である植物の根

系（土壌中に張り巡らされた根全体）が発達する場所を提供している。

　また，土壌は生態系における水の保水機能を有している。土壌は，形や大きさが異なる岩石由来の物質と有機物（5.2 参照）が組み合わさってできている（図5-1）。そのため，大小さまざまな隙間（孔隙）が形成される。この孔隙において働く力（界面張力）によって重力に逆らって土壌中に水を保持できるのである。界面張力の強さは，孔隙の大きさと関係する。大きな孔隙ほど界面張力が弱い。そのため，孔隙の大きさは土壌における保水と排水に関与している。界面張力が弱い大きな孔隙の割合が多い場合は排水性が良い土壌に，界面張力が強い小さな孔隙の割合が多い場合は保水性が良い土壌になる。

　最後に，土壌は有害物質を含む様々な化学物質を分解する役割を果たしている。土壌に供給された動物の遺骸や排泄物，植物のリターなどのデトリタスは，土壌生物によって分解され，無機塩類が生成される（5.2.2 参照）。これらの無機塩類は，特定の場所に過剰に存在することで生態系に様々な負荷をかけることがある。この無機塩類を植物が根から吸収することで，生態系内における過剰な蓄積や河川や湖沼などの水界生態系への過剰な流入（9，10 章参照）を防いでいる。

5.2　土壌有機物

5.2.1　生態系における有機物

　ここで，これまで何度か出てきた有機物について説明する。有機物もしくは有機化合物は有機体を構成する化合物であり，地球上の多くの生物体の構成要素でもある。この場合，生物体の生死は問わない。つまり生きている生物だけでなくその遺骸や排泄物，リターなども該当する。多くの場合，有機物は炭素を含む化合物である。ただし，二酸化炭素（CO_2），一酸化炭素（CO），炭酸カルシウム（$CaCO_3$）などは炭素を含む化合物であるが，有機物には含まれない。有機物から炭素が取り除かれ化学変化した物質を無機物と呼ぶ。

　では生態系において有機物はどこに存在しているのか。有機物は炭素を含む

化合物であるから，2章で扱った地球上における炭素の循環を考えればよい。図 5-2 は，土壌を中心とした比較的小さな空間スケールの陸上生態系における炭素の循環を示している。陸上生態系における有機物の生産とは，基本的に生産者による一次生産のことである。大気中の二酸化炭素が光合成によって植物体に取り込まれることで，生態系内に有機物が生成される（無機物の有機化）。生成された有機物は，食物連鎖を介して生物体，排泄物，遺骸，リター，泥炭，化石燃料などの形で生態系内にストックされる。

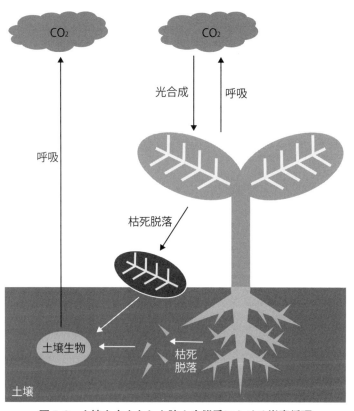

図 5-2　土壌を中心とした陸上生態系における炭素循環

5.2.2 土壌中の有機物の蓄積と分解

前述の通り有機物は土壌の構成要素でもある。土壌に供給されたデトリタスは細かく破砕され，岩石由来の物質と混ざり合い土壌を形成する。この土壌中の有機物は，土壌生物（5.3参照）によって分解される。

ここでいう「分解」とは，簡単に言うと有機物が無機物に変化することである。土壌中の有機物は土壌生物に摂食され，その体の一部になる。生物体の一部になった有機物中の炭素は，呼吸によって二酸化炭素として大気中に放出される。つまり有機物中の炭素の一部が取り除かれたということである。土壌生物に摂食された有機物のうち同化されなかった有機物は排泄物として体外に排出される。この排泄物や土壌動物の遺骸を別の土壌生物が摂食し，呼吸によって有機物中の炭素を体外に放出する。この過程を繰り返すことで有機物中から炭素が取り除かれていく。これが有機物の無機化であり，その結果として生成される物質が無機物である。無機物の一部は，植物に再び吸収され有機物の一部となる（6章参照）。

以上のような土壌を介した有機物の生産と分解は同時に起きている。そしてある時点における有機物の量は，生産速度と分解速度の動的平衡点となる。例えば，生産速度のほうが分解速度よりも速ければ有機物は蓄積し，その逆であれば有機物が消失するということである。有機物の生産と分解のどちらがより

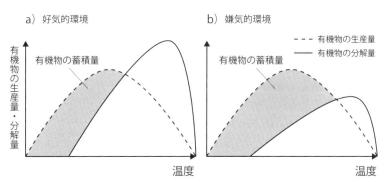

図 5-3　好気的条件と嫌気的条件における土壌有機物の生産と分解の関係
Mohr & Van Baren (1954) に基づく松中 (2003) より改訂

進行するかは土壌生物の活性に依存する。例えば，酸素が十分にある環境（好気的環境）では，土壌生物の活性が高く，土壌生物の活性が高くなる温度になると有機物の分解速度が生産速度を上回る（**図 5-3a**）。このとき土壌中の有機物は減少する。一方で，酸素が不足する環境（嫌気的環境）では，土壌生物の活性が低く，有機物の分解速度が生産速度を上回ることは少ない（**図 5-3b**）。そのため，このような条件下では土壌中の有機物はより蓄積する。

5.3　土壌生物

5.3.1　土壌生物の分類

　土壌生物は，陸上生態系における分解者である。つまり生産者が作り出した有機物を無機物に変えるという生態系において，物質をリサイクルする役割を果たす（2 章参照）。土壌生物は，大きく分けて土壌動物と土壌微生物に分類することができる。この 2 つのグループは，系統分類学的な違いだけでなく分解過程において果たす役割が異なる。

　土壌動物は，その体サイズによって便宜的に 4 つに分類される（**表 5-1**）。土壌微生物は，一般的に糸状菌，細菌，放線菌，藻類などに分類することができる。

表 5-1　土壌生物の分類

	グループ	主要分類群
土壌動物	小型土壌動物	線虫，ワムシ，原生動物
	中型土壌動物	トビムシ，ダニ類，ヒメミミズ
	大型土壌動物	ヤスデ，ミミズ，シロアリ，ムカデ，ダンゴムシ
	巨型土壌動物	モグラ
土壌微生物	糸状菌	カビ，キノコ類
	細菌	球菌，桿菌，らせん菌
	放線菌	フランキア属，ストレプトマイセス属
	藻類	ラン藻，緑藻，珪藻

5.3.2 土壌動物の働き

　有機物の分解過程における土壌動物の役割は，大きな有機物の塊を破砕し細分化し，土壌粒子に混ぜ込むことである。有機物の大きな塊が細分化されることで体積当たりの表面積が増加する（図5-4）。それによって土壌微生物が定着できる面積が増加し，有機物の分解が促進される。

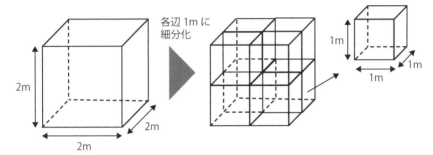

図5-4　細分化に伴う体積と表面積の関係

　例として代表的な土壌動物であるミミズの働きについて説明する。ミミズは土壌中の有機物を土壌と一緒に摂食する。有機物はミミズの消化管を通過するときに細分化され，土壌粒子に混ぜ込まれる。この細分化された有機物と土壌粒子の混合物は，土中や地表に排出される。地表に排出された混合物はふん土と呼ばれ，元の土壌とは異なる特性を持つ。例えば，ふん土の容積重（単位容積当たりの重さ）は元の土壌よりも小さい。これは混ざり合う際に土壌粒子と有機物との間の孔隙が増加したことで，同じ重量で容積が"かさ増し"された（つまり同じ容積でみると軽くなった）結果である。また，ふん土のほうが土壌構造もより安定している。加えて，土壌有機物量や無機塩類量もふん土のほうがより多く含む傾向がある。

5.3.3 土壌微生物の働き

　土壌動物によって細分化された有機物は土壌微生物によって分解される。その結果，有機物から炭素が取り除かれ，様々な無機物が生成される。例えば，有機物中の窒素はアンモニウムイオン（NH_4^+），リンはリン酸イオン（PO_3^{2-}）などの形で土壌中に放出される。窒素やリンは植物の成長にとって必須の栄養元素であるが，有機物に組み込まれた形では植物が直接吸収することができない（6章参照）。土壌微生物によって無機化されることで，初めて植物が利用でき

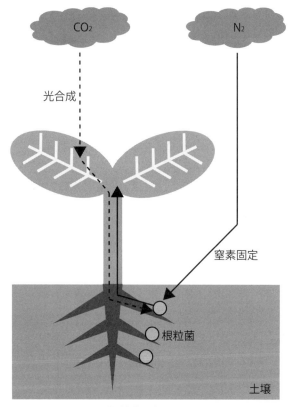

図 5-5　根粒菌と植物の共生関係
実線は窒素，破線は炭素の移動を示す

るようになるのである。そういう意味では土壌中の土壌有機物は，将来植物が利用する物質の原材料であり，そのストックと捉えることもできる。

　土壌微生物は植物と共生関係を形成する場合もある。例えば，土壌微生物の一種である根粒菌は，主にマメ科の植物の根に共生する（図5-5）。植物は大気中に存在する窒素分子（N_2）を直接吸収することはできない。根粒菌はこの窒素分子を吸収し，植物が吸収可能なアンモニアに変換し，植物に提供する。一方で，植物は光合成によって獲得した有機物（グルコース）を根粒菌に提供する。また，糸状菌などの菌根菌は植物の内部や表面に共生する（植物の表面に共生する外生菌根はいわゆるキノコのこと）。菌根菌は，土壌中の無機栄養塩（6章参照）を吸収し，植物に提供する。無機栄養塩自体は植物も吸収するが，菌根菌によってその吸収量が上乗せされる。一方で，根粒菌と同様に菌根菌は，植物が光合成で生成した有機物を享受する。

演習問題

1. 生物が陸上に出現したのは，約5億年前と考えられている。それ以前の陸上の地表面はどのような状態であったと考えられるか？　岩石から土壌の生成過程を考慮して説明しなさい。

2. 水田の土壌と畑の土壌において，土壌中の有機物の蓄積量を比較しなさい。また，その根拠を説明しなさい。ただし水田と畑以外の環境条件はすべて等しいとする。

3. 土壌の水はけのよさと土壌からの二酸化炭素の排出速度の関係を図示しなさい（x軸が水はけのよさ，y軸が排出速度の図を描きなさい）。また，描いた図について説明しなさい。

6章 土壌栄養塩と物質循環

6.1 一次生産と土壌栄養塩

6.1.1 植物の成長要因

陸上生態系における一次生産（2章参照）は，生態系内で生産者である植物がどの程度成長するかに依存する。植物が成長するとは，とどのつまり植物体を構成する物質が植物体内に蓄積することである。植物の構成要素（成長要因）は，大きく分けて炭素，水，無機塩類の3つである（図6-1）。炭素は生物を構成する有機物の主成分であり，植物は大気中の二酸化炭素から光合成によって炭素を獲得する（1章参照）。水は植物体内における生理化学反応の溶媒として働く（4章参照）。植物は土壌中に存在する水を根から吸収する。無機栄養塩は有機物でない様々な物質の総称であり，その働きは構成する元素によって多種多様である。水と同様に植物は無機栄養塩を根から吸収する。

6.1.2 植物にとっての無機栄養元素

無機栄養塩を構成する元素の中で，植物の成長にとって不可欠な元素を必須栄養元素という。必須栄養元素には，9種類の多量必須元素と8種類の微量必須元素が含まれる（表6-1）。多量必須元素は，植物が成長のために必要な量が比較的多い元素である。これら9種類の中には炭素，水素，酸素も含まれるが，これらは大気中の二酸化炭素と土壌中の水から供給されるため，無機塩類には含めないこともある。微量必須元素は，多様必須元素と比較すると植物の成長のために必要であるが少量で良い元素である（なくて良いという意味ではない）。

いうまでもないことだが，これらの植物が吸収している無機栄養塩は，生態系のどこかから供給されている。また，植物体に取り込まれた無機栄養塩は，

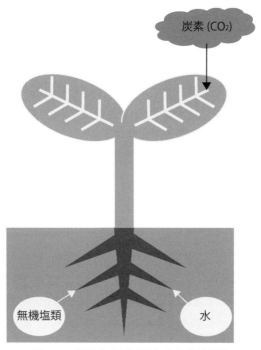

図 6-1　植物の成長要因とその供給経路

最終的には枯死脱落したリターもしくは植物を食べた動物の排泄物や遺骸つまり有機物の形で土壌に供給され，それが土壌生物によって分解されることで生態系内を循環している。それぞれの無機栄養元素がどこにどの程度存在し，どのように循環しているのは元素によって様々であるが，炭素のように二酸化炭素の形態で地球全体を循環するような元素は少ない。この章では，植物（に限らず多くの動物や微生物）において代表的な必須栄養元素である窒素とリンについて説明する。

6 章　土壌栄養塩と物質循環　　61

表 6-1　植物にとっての必須栄養元素

	元素	存在する場所や働き
多量元素	窒素（N）	タンパク質，アミノ酸，葉緑素などの構成成分
	リン（P）	ATP，核酸，酵素，代謝基質などの構成成分
	カリウム（K）	光合成，タンパク質の合成，細胞の水分調整に関与
	カルシウム（Ca）	細胞壁の成分，膜構造の安定化や物質の透過性に関与
	マグネシウム（Mg）	葉緑素の構成成分，酵素の活性化に関与
	硫黄（S）	タンパク質，酵素，脂肪などの構成成分，タンパク質の活性制御に関与
微量元素	鉄（Fe）	代謝や呼吸に関わる酵素の構成成分，葉緑素の合成に関与
	マンガン（Mn）	代謝に関わる酵素の構成成分
	ホウ素（B）	炭水化物や窒素の代謝や細胞壁構造の安定化に関与
	亜鉛（Zn）	葉緑素や植物ホルモンの生成に関与
	モリブデン（Mo）	窒素の消化吸収や根粒菌による窒素固定に関与
	銅（Cu）	酵素の構成成分，酸化還元や葉緑素の形成に関与
	塩素（Cl）	炭水化物の合成や光合成に関与
	ニッケル（Ni）	尿素の分解酵素の構成成分

6.2　窒素

6.2.1　生態系における窒素

　窒素（Nitrogen, N）は，植物体の構成や維持に不可欠なタンパク質や核酸を生成するうえで不可欠な元素である。そのため，植物の要求量が他の必須栄養元素と比較して非常に大きく，植物の成長制限因子（他があってもそれがないことで植物の成長が制限されるもの）になりやすい。

　土壌への窒素のインプットの経路は，主に大気からと生物からの 2 つである

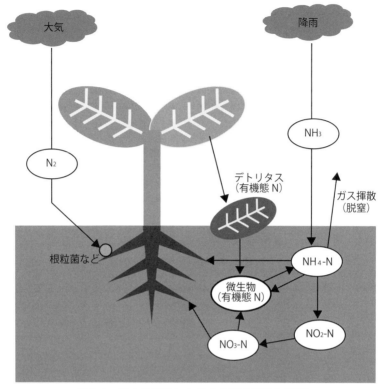

図 6-2 陸上生態系における窒素の形態と循環

（図 6-2）。大気からインプットされる窒素としては，大気中に気体として存在するアンモニア（NH_3）と窒素分子（N_2）の2つである。アンモニアガスは雨や雪に溶け込んで土壌に到達する。大気の成分の約 78 % を占める窒素分子の取り込みは，根粒菌と共生しているマメ科の植物など一部の植物が可能である（5 章参照）。

　生物から土壌への窒素のインプットとは，植物のリターや動物の遺骸や排泄物などのデトリタスに含まれる窒素の供給のことである。ただし，植物はデトリタス中に含まれる窒素（有機態窒素）をそのまま利用（吸収）することはできない。土壌微生物によってデトリタスが分解され，有機物でなくなった窒素化

合物（無機態窒素）になり，さらにそれが水に溶けたイオンの状態になって，初めて植物は利用（根から吸収）できるようになるのである。

6.2.2 窒素の無機化と有機化

　土壌中では，有機態窒素から無機態窒素への変化（無機化）と無機態窒素から有機態窒素への変化（有機化）が同時に起きている。この有機化と無機化のバランスによって，ある時点における無機態窒素と有機態窒素の量もしくは無機化と有機化の速度が決定される。

　有機態窒素の無機化は，土壌微生物による有機物の分解によって起こる（5章参照）。微生物によって分解されたデトリタスは，タンパク質，アミノ酸を経てアンモニア態窒素（便宜的に NH_4-N と表記，化学的にはアンモニウムイオン，NH_4^+）に変化する。水田のように土壌表面に水を張り，大気からの酸素の供給がない嫌気的環境であれば，これ以上の化学変化は起きない。一方で，畑のように土壌中に酸素が十分にある好気的環境では，アンモニア態窒素が酸素と反応し，亜硝酸態窒素（NO_2-N，亜硝酸イオン，NO_2^-）を経て硝酸態窒素（NO_3-N，硝酸イオン，NO_3^-）まで変化する。水に溶けてイオンの状態のアンモニア態窒素もしくは硝酸態窒素を，植物は根から吸収することができる。

　一方で，無機態窒素の有機化とは，微生物によって生成された無機態窒素が微生物に取り込まれることで生物（有機物）の一部になることである。土壌微生物が増殖するためには，土壌中の炭水化物を取り込むだけでなくタンパク質も合成する必要がある。そのために微生物は土壌中の無機態窒素を取り込む。つまり，無機態窒素が生物の体の一部（有機態窒素）に変化するのである（**図6-2**）。当然ながら微生物に取り込まれたこの有機態窒素を植物が吸収することはできない。

6.2.3 無機化，有機化と C/N 比

　窒素の無機化と有機化の速度は，土壌中の炭素と窒素の比率（C/N 比）に依存する。C/N 比とは，有機物に含まれる炭素と窒素の量の比（炭素の含有量÷

窒素の含有量)である。

ではC/N比の違いが窒素の無機化と有機化の速度にどのように影響するのか。これには土壌微生物が炭素と窒素のどちらを相対的に多く要求しているかが関係している。C/N比が高いということは，相対的に炭素のほうが窒素よりも多いことを意味する。土壌微生物が相対的に多く存在する炭素を利用することで増殖していくと，増殖のためのタンパク質の合成に必要な窒素が不足してくる(**図6-3a**)。このとき，土壌微生物は周囲にある無機態窒素を利用することで不足する窒素を補い，タンパク質を合成する。つまりC/N比が高いと有機化が進むことになる。この場合，仮に土壌中に窒素の総量(無機態窒素と有機態窒素の合計値)が十分に存在したとしても，植物が利用できる窒素量が少ない状態となり，植物の成長が窒素不足で制限されることがある。一方で，C/N比が低いとき，つまり窒素が炭素と比較して相対的に多いとき，土壌微生物は

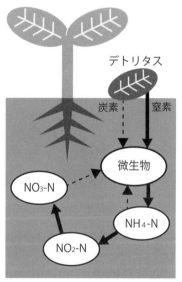

図6-3 C/N比と窒素の有機化・無機化との関係

窒素より相対的に炭素が不足することになる（図6-3b）。不足する炭素を補うために，土壌微生物は土壌中のデトリタスを分解し，その結果，有機態窒素の無機化が進むことになる。

6.3　リン

6.3.1　生態系におけるリン

　リン（Phosphorus, P）は，DNA（デオキシリボ核酸）やRNA（リボ核酸）などの遺伝に関わる物質を構成する元素である。また，リンは，ATP（アデノシン三リン酸）やADP（アデノシン二リン酸）など植物の光合成や呼吸の過程に関わる物質の生成にも不可欠な物質である。そのため，窒素と同様に植物の成長の制限因子になることが多い。

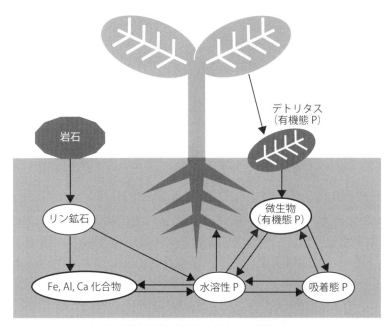

図6-4　陸上生態系におけるリンの形態と循環

陸上生態系へのリンのインプットは，主に岩石と生物に由来する（**図6-4**）。岩石（母岩）に含まれるリンが，風化・侵食によって供給される。生物由来のリンとしては，窒素と同様にデトリタスの分解による供給が挙げられる。また，生物由来のリンには，海鳥の営巣地では海鳥の排泄物，吐き戻し，遺骸を介した供給も含まれる。

デトリタスに含まれる有機態リンは，微生物によって分解されることで無機態リンに変化する。ただし，リンの無機化は窒素と比較すると容易には進まない。無機態リンには，鉄（Fe），アルミニウム（Al），カルシウム（Ca）などとの化合物や水溶性リンが含まれる。水溶性リンは，土壌微生物に取り込まれ有機態リンになったり粘土に吸着したりするなどの化学変化をしながら生態系中を循環している。

6.3.2 土壌中のリンの形態と植物の利用可能性

土壌中のリンの形態の中で植物が根から吸収可能なのは，水溶性リンのみである。この水溶性リンはいくつかのイオン形態が存在するが，植物が吸収できる水溶性リンの大部分はリン酸二水素イオン（$H_2PO_4^-$）であり，それ以外がリン酸化水素イオン（HPO_4^{2-}）である。いずれの水溶性リンも鉄，アルミニウム，カルシウムが水に溶けた状態である陽イオンと結合しやすい。また，これらの結合の強さは，結合する陽イオンによって異なる。つまり，土壌中の植物が利用可能なリンの量は，どの陽イオンがどの程度水溶性リンと結合するかに依存する。

水溶性リンと結合する陽イオンの量，つまり対象となる元素がどの程度水に溶け出してイオンの形態になるかは，土壌pH（**コラム6-1**）に依存する。土壌pHが低い場合，アルミニウムや鉄がより多く溶け出してイオンの状態になる。このとき，アルミニウムイオン（Al^{3+}）と鉄イオン（Fe^{3+}）はリン酸二水素イオンと結合してリン酸アルミニウムとリン酸鉄になる。これらの化合物は結合がきわめて強く，非常に水に溶けにくい物質である（**図6-5a**）。つまり，植物が吸収可能な水溶性リンが土壌から減少する。一方で，土壌pHが高い場合，ア

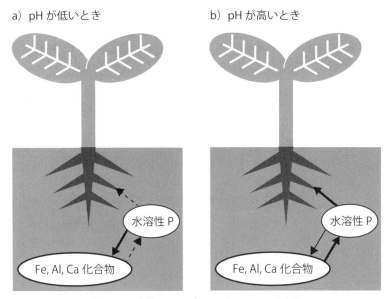

図6-5 土壌pHの違いによるリンの形態

ルミニウムや鉄よりもカルシウムが多く溶け出す。このとき、カルシウムイオン（Ca^{2+}）はリン酸水素イオンと結合してリン酸カルシウムとなる。この化合物も難溶性化合物であるが、リン酸アルミニウムとリン酸鉄と比較すると水に溶けやすい。そのため、土壌中のリンの総量が同じでも土壌pHが低いときよりも高いときのほうが土壌中の植物が利用可能なリンの量が多くなる傾向がある（図6-5b）。

── コラム 6-1　pH ──

　pH とは溶液の酸性・アルカリ性の程度を示す指標である。pH は 0〜14 の範囲で表され，7 が中性，7 より小さいほど酸性，大きいほどアルカリ性となる。

　ではこの 0〜14 の数値は，具体的にどのような値なのか。pH とは溶液中の水素イオン (H^+) の濃度のことであり，その単位は mol/L（mol：物質（原子，分子，イオンなど）の量，L：リットル，つまりある体積あたりの物質量ということ）である。pH の値は以下の式で求められる。

　　$pH = -\log_{10}(H^+)$

H^+ は水素イオン濃度，$\log_{10}$ は常用対数を意味する。この式を変形すると以下になる。

　　$10^{(-pH)} = H^+$

つまり「10 の (-pH) 乗が水素イオン濃度」ということだ。例えば，水素イオン濃度が 0.0001 mol/L だった場合，$0.0001 = 10^{-4}$ であるため pH は 4 ということになる。水素イオン濃度は通常 1 mol/L よりも小さいため，10 (-pH) の「(-pH)」の部分は必ずマイナスの値になる。つまり「(-pH)」の絶対値が pH となるわけだ。

　ここから 2 つのことがわかる。1 つ目は，pH の値が小さいということは水素イオン濃度が高いということだ（図 6-6）。2 つ目は，pH の値が 1 小さくなる（大きくなる）ということは，水素イオン濃度が 10 倍（1/10 倍）になるということだ。

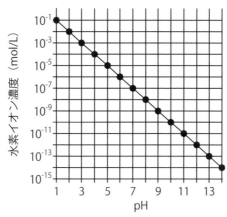

図 6-6　土壌の pH と水素イオン濃度との関係

演習問題

1. 土壌中の (1) 窒素, (2) リン, (3) カリウムが欠乏したとき, 植物にはどのような症状が出ると考えられるか? **表 6-1** を参考にし, また, 別途自分で調べて説明しなさい。

2. 麦わらと牛ふんを肥料として混ぜ込んだ土壌において植物を栽培した場合, 植物の成長速度を比較しなさい。また, その根拠を説明しなさい。ただし, 栽培した植物の成長の制限因子は窒素のみで, 麦わらと牛ふんの C/N 比はそれぞれ 126.0 と 15.5 とする。

3. 土壌 pH が 1 から 7 まで上昇するのに伴って, (1) 土壌中のリンの総量, (2) 土壌中の水溶性リンの量, (3) 生態系内の有機態リンの量がどのように変化するか図示しなさい。また, その図について説明しなさい。ただし, 植物の成長の制限因子はリンのみとする。

7章 農業生態系

7.1 農業

7.1.1 農業とは

　農業（Agriculture）とは，土地を利用して人間にとって有用な動植物や菌類などを育成し，生産物を得る（さらに生産物を出荷し利益を得る）行為のことである。大部分の農業には，何らかの形で人為的な行為が含まれる。農業における生産物には，食品（穀物，野菜，食肉，乳製品など），繊維（綿花，麻，生糸など），燃料（バイオエタノールなど），原材料（体毛，毛皮など）などが含まれる。代表的な農業として稲作，畑作，畜産，遊牧，園芸などが挙げられる。

　農業における生産物となる器官は，その対象となる生物によって異なる。例えば，植物の生産物の場合，野菜や果物は葉，茎，種子，果実，蜂蜜は花の蜜，木綿糸は花などになる。動物の場合，肉（筋肉や脂肪だけなく内臓や皮も含む），卵，生乳など食用目的の器官に加えて体毛や毛皮，絹糸の原材料である繭なども含まれる。

7.1.2 農業の目的

　農業の主な目的の1つは，単位時間・単位面積当たりの生産物の収穫量（収量）を最大化することである。つまり，同じ面積において同じ時間をかけたときに生産物となる生物の器官を可能な限りたくさん収穫するということである。そのために，対象生物の密度の操作，植物への肥料の付加，家畜への高栄養価の飼料の供給，病原菌や害虫からの防除などが必要に応じて実施される。また，収穫対象の器官への物質の投資を最大化させるような様々な工夫がなされている。例えば，一般的な葉野菜は花芽を形成する前に収穫される。これは，花芽

への物質の投資によって収穫対象である葉への投資が減少するのを防ぐためである。

　農業の主な目的のもう1つは，生産物の持続可能な収穫である。生産物を収穫するということは，その土地（生態系）から生産物に含まれる物質が消失することを意味する。そのため，収穫した生産物に含まれる栄養元素が，自然条件下でのインプットによって十分回復するように収穫の後に農業を行わない期間を設けたり，不足する栄養元素を人工的に付加したりするなどして消失した物質を補う必要がある。

　以上のことを踏まえて，本章では，代表的な農業生態系である水田と畑について説明する。

7.2　水田

　水田は，稲作のために人工的に作られた農業生態系である。ほとんどの稲作ではイネ（イネ科イネ属の草本）を栽培し，その種子（米）が主な生産物である。稲作は主にアジアの温暖湿潤な地域で実施されている。

7.2.1　湛水

　他の農業生態系とは異なる水田の最も大きな特徴は，湛水である。湛水とは，対象の場所の土壌の表面に水を引き込むことである。人工的に水を引き込むという点でかんがい（9章参照）という手法の1つといえる。水田における湛水では，降雨としてインプットされ，河川から海にアウトプットされる水を用いるのが一般的である。湛水を行うためには，まず対象の場所の外縁にあぜ道（畦畔）を作り，水を囲う。次に土壌を撹拌し，水と細かい土壌粒子で土壌構造の隙間を埋めることで水の下方への移動を防ぐ。さらに土壌表面を平らにして水を貯める。

　湛水の利点の1つは，植物の主要成長因子である水の制限がなくなることである。他の多くの栽培植物は，湛水状態では成長が阻害され，栽培することが

できない。多くの植物は，呼吸をするために土壌中の酸素を根からも取り込んでいる。土壌中の酸素は大気中から供給されるが，湛水状態では水が土壌への酸素の供給を阻害するため，呼吸のための酸素が欠乏することになる（いわゆる根腐れの状態）。イネは，葉で取り込んだ酸素を，植物体内を通して根に輸送することができるため，湛水状態でも呼吸が可能なのである。

　湛水は植物にとっての物理的・化学的環境条件の変動を抑制する。高い比熱を持つ水は，水および土壌の温度の変化を抑制する（4 章参照）。また，湛水は植物の成長に必要な無機栄養元素の供給とその量の制御の役割も果たしている。湛水に使用される河川水には一定量の無機栄養元素が含まれており，これらがイネによって吸収されることで成長を促進する。さらに，一定量の水が常時存在することで，一時的に無機塩類が過剰に供給されても，水によって希釈されるため，イネの成長が阻害されるリスクを下げる（無機塩類が過剰にあると，植物の成長が阻害されることがある）。

7.2.2　還元状態の影響

　湛水によって土壌表面が覆われている状態では，大気中から土壌に酸素が供給されない。この状態で土壌微生物が呼吸によって有機物を分解する際に酸素を消費することで，土壌中の酸素が欠乏した状態になる。このような状態を還元状態という。還元状態では，土壌の化学的特性が大きく変化する可能性がある。これも水田生態系の特徴の１つでもある。

　まず還元状態では，植物（水田なので当然イネのこと）が利用可能なリンが増加する。植物が利用可能な土壌中のリン酸は，鉄イオンやアルミニウムイオンと結合することで植物が利用できない形態になりやすい（6 章参照）。このリン酸化合物の形態が若干変化することで，植物が利用できるリンの量が増加する。例えば，鉄とリン酸の化合物は，還元状態では，リン酸第二鉄（$FePO_4$）がリン酸第一鉄（$Fe_2(PO_4)_3$）に化学変化する。化学変化後の形態はより不安定（水に溶けやすい状態）であるため，イネが吸収できるリンの量が増加する。

　また，還元状態では土壌 pH が安定しやすい。土壌 pH の初期値がどのよう

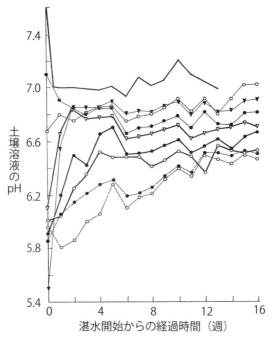

図 7-1 水田における湛水後の土壌 pH の時間変化
Ponnamperuma et al. (1966) より改訂

な値であっても，還元状態では時間の経過とともに pH が 7 付近に収束する（図 7-1）。これは還元状態において pH を上げる効果と下げる効果が同時に発生した結果である（図 7-2）。

　土壌 pH の上昇は，土壌中の鉄の形態変化によって起こる。湛水前の形態である水酸化第二鉄（$Fe(OH)_3$）は，湛水後の還元状態で以下のような化学変化を起こし水酸化第一鉄（$Fe(OH)_2$）に変化する。

$$Fe(OH)_3 + H^+ \rightarrow Fe(OH)_2 + H_2O$$

この化学変化に伴って土壌中の水素イオンが水に変化する。その結果，水素イオン濃度の低下，つまり pH の上昇が起きる。

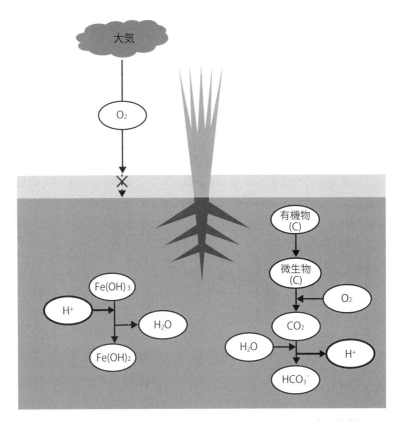

pH 上昇（H⁺ 消費） ⟶ 7 付近に収束 ⟵ pH 低下（H⁺ 発生）

図 7-2　湛水状態における土壌 pH の上昇（図左側）と低下（図右側）を引き起こす化学変化

松中（2003）より改訂

　一方で，pH の低下は，土壌微生物による土壌中の有機物の分解によって起こる。微生物の呼吸によって土壌中で二酸化炭素が発生する。湛水状態で大気中に放出されない二酸化炭素は，水に溶けることで以下のような化学変化を引き起こし，炭酸イオン（HCO_3^-）になる。

$$CO_2 + H_2O \rightarrow HCO_3^- + H^+$$

この化学変化に伴って水分子に含まれた水素が水素イオンとして放出される。その結果、水素イオン濃度が上昇、つまり pH が低下する。

7.3　畑

　前述の水田で栽培するイネ以外の多くの栽培植物（一部の水耕栽培植物は除く）は、畑で生産される。畑は、土壌を耕起した後、対象の植物の播種や苗の移植を行い、必要に応じて施肥、水やり、農薬散布などを行い、生産物を収穫する。畑での農業の方法には、野外の畑で実施する方法だけでなく、ガラスやビニールの温室で行う方法がある。水田とは異なり、湛水のために水を引く必要がないが、前述のような水田における湛水による効果を得ることはできない。以下畑の特徴について水田と比較しながら説明する。

7.3.1　水分条件

　湛水による水の供給がない畑では、水田と比較して水が植物の成長の制限因子になりやすい。降雨だけで水の供給が不足する場合は、かんがいによる人為的な水の供給が必要になる。このような状況下で栽培される植物は、イネとは異なる根系（植物の地下部の全体）を持つ傾向がある。恒常的な水の供給がない畑では、栽培植物はより広い範囲に根を展開することで効率的に水を吸収している（図 7-3）。

7.3.2　有機物と無機塩類

　湛水状態でない畑の土壌には常時大気から酸素が供給されている。そのため、畑の土壌は基本的に酸化状態にある。酸化状態では、豊富に存在する酸素を使って土壌微生物が活発に呼吸を行うことで、土壌中の有機物の分解が促進される。その結果、畑の土壌は有機物の蓄積が起こりにくく、農業生産物の維持のためには人為的な有機物の供給が必要なことが多い。

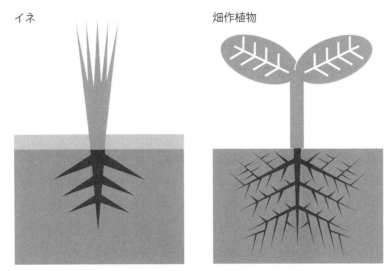

図 7-3　イネと畑作植物の根系のイメージ
あくまでイメージであり，該当しない植物種も多く存在する

　また，畑では水田のように取り込んだ水に含まれる無機栄養元素の供給が乏しい。**図 7-4** は主要 3 栄養元素（窒素，リン，カリウム）の欠乏に対するイネとムギ類（畑での代表的な栽培植物）の成長を比較した結果である。かんがい水から一定量の無機栄養元素が供給される環境で成長するイネと比較すると，ムギ類の成長は 3 栄養元素の欠乏時に大きく低下する。そのため，畑での農業生産のためには有機物に加えて無機栄養塩の付加が必要になることが多い。

7.3.3　土壌 pH の変化

　酸化状態である畑の土壌では，水田のように pH を中性付近に収束させる機能はなく，pH が低下しやすい。土壌 pH の低下は，降水量が多い地域で化学肥料（9 章参照）を使用した場合に顕著になりやすい。

　畑の土壌 pH の低下は，土壌中の窒素の形態の変化が深く関わっている（**図 7-5**）。土壌有機物の分解や化学肥料の付加の結果，土壌中のアンモニア態窒素（アンモニウムイオン，NH_4^+）の量が増加する。酸化状態の土壌においてアンモ

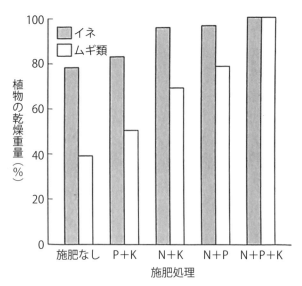

図 7-4 窒素 (N), リン (P), カリウム (K) の施肥の組み合わせに対するイネとムギ類の成長の比較

3つの栄養元素をすべて施肥した処理 (N + P + K) における収量 (植物の乾燥重量) を 100% としたときの割合を示す
小西・高橋編 (1961) より改訂

ニア態窒素は,以下のような化学変化をする。

$$NH_4^+ + O_2 \rightarrow NO_3^- + H^+$$

つまり陽イオンであるアンモニア態窒素が,豊富に存在する酸素と反応して陰イオンである硝酸態窒素 (硝酸イオン, NO_3^-) に変化すると同時に水素イオンを放出する。放出された水素イオンは,土壌の負荷電に引き付けられて土壌に保持される (一般的に土壌は負荷電を持つことのほうが多い)。その結果,土壌中の水素イオン濃度が上昇し, pH が低下する。

その一方で,陰イオンである硝酸態窒素は負荷電を持つ土壌には保持されない。正荷電を持つ水素イオンが土壌の負荷電と結びついた結果,硝酸態窒素は土壌に保持されなくなった陽イオンと結合する。例えばカルシウムイオンであ

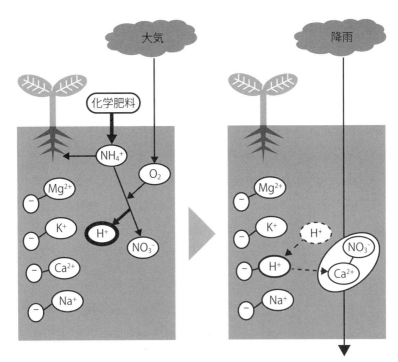

図 7-5 畑における過剰の窒素供給に伴う土壌 pH の低下と系外への窒素の流出
松中（2003）より改訂

れば以下のような化学変化が起こる。

$$Ca^{2+} + 2NO_3^- \rightarrow Ca(NO_3)_2$$

生成された硝酸カルシウム（$Ca(NO_3)_2$）は降雨とともに土壌から流出する。このように湿潤地域における畑では，土壌中の無機塩類の維持のために pH の操作やさらなる施肥など人為的な対策が必要となることがある。

畑における土壌 pH の低下は，土壌中の植物が利用可能なリンを制限する可能性がある。pH の低下に伴って鉄やアルミニウムが水に溶けだし，水溶性のリン酸と結合する（6 章参照）。その結果，水溶性のリン酸は，植物が吸収できない難溶性の化合物に変化する。

演習問題

1. サツマイモ，ジャガイモ，サトイモについて生産物となる器官の違い
   について説明しなさい。それぞれの植物種の情報は必要があれば自分
   で調べなさい。

2. 水田の土壌と畑の土壌において，土壌中の (1) 植物が利用可能なリン
   の量と (2) 水素イオン濃度を比較しなさい。また，その根拠を説明し
   なさい。

3. イネとムギ類において，同じ体積・重量の根系における根の表面積を
   比較しなさい。また，その理由について説明しなさい。

8章 森林生態系

8.1 森林

8.1.1 森林とは

　森林とは，「樹木を中心とした植物群落」のことである。森林の定義は，土地の利用状態や樹冠（樹木の葉がまとまって分布している場所）の広がりの程度などに基づいて各国，各地域で独自に決められている。そのため，世界共通の明確な定義は存在しないが，一定以上の面積と高さ，樹冠被覆率を有することが多くの場合で森林であることの主な条件といえる。

8.1.2 気候に基づく森林の分類

　森林は，構成する樹種の違いに基づいて分類される。これは，主に気候条件と深く関係する。例えば，低緯度の熱帯域においては，1年中降水量が多い地域では熱帯多雨林，1年のうち特定の時期に乾季が存在する地域では熱帯季節林が成立する。熱帯多雨林では1年中葉を展開している常緑広葉樹が優占するのに対して，熱帯季節林では乾季に葉を落とす落葉広葉樹が優占する。

　中緯度の温帯地域では，温暖湿潤で比較的冬季が温暖な地域ではシイやカシなど葉の表面に光沢をもつ常緑広葉樹が優占する照葉樹林，夏季に雨が多く，冬季に比較的気温が低い地域ではブナ，ナラ，クリ，カエデなどの落葉広葉樹が優占する夏緑樹林が成立する。一方で，地中海沿岸域や北米西海岸域のように夏季に高温で乾燥する地域では硬葉樹林が成立する。硬葉樹林では，オリーブやコルクガシなど小さく厚い常緑の葉を持つ樹高が低い樹種が優占する。

　高緯度の寒冷湿潤な亜寒帯地域では，マツ，トウヒ，モミなどの常緑の針葉樹が優占する森林が成立する。針葉樹林は，熱帯や温帯の森林と比較して構成

樹種が少なく，一般的には10種以下程度の樹木種によって構成されることが多い。針葉樹林は，低・中緯度地域でも高山帯など標高が高い環境でも成立する。

8.1.3 人間活動の程度に基づく森林の分類

森林は，その成立過程の違いから天然林と人工林に分類することができる。天然林とは，自然に定着した実生（種子由来の植物の幼少個体）や萌芽（樹木の根元やその周辺から再生した幹）などが成長することで成立した森林のことである。天然林では，物理的環境や樹木個体同士の競争などの結果，樹木は空間的に均質に分布しないことが多い（図8-1a）。また，天然林では様々な樹種が異なるタイミングで定着するため，様々な年齢とサイズの樹木個体が混在していることが多い。

天然林のうち過去に大規模な撹乱を受けていない森林のことを一次林もしくは原生林という。一方で，二次林は一度森林が成立し，その後，人為撹乱（伐採，焼畑など）や自然撹乱（台風，干ばつ，山火事など）によって森林が消失した場所に成立した森林である。

人工林は，人為的に種子を蒔いたり苗木を植栽したりすることで成立した森

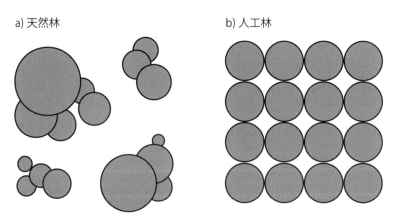

図8-1 a) 天然林と b) 人工林における樹木の空間分布
真上から見たイメージ図で，図中の円は樹冠を示す

林である。当然ながら人工林は，何かしらの生態系サービスを得るために作られた森林である。一般的に人工林を作成する際に，一定の面積に植栽個体のみを一斉に植栽する。つまり，同じ時期に同じ年齢・同じサイズの個体が成長し始めるということである。また，植栽個体同士の間隔を均等に植栽することが多い。その結果，人工林は同じサイズの植栽樹種のみが空間的に均等に分布する単純な森林構成になることが多い (**図 8-1b**)。

8.2　森林の供給サービス

8.2.1　林業

　林業とは，森林生態系の供給サービスである生産物を得て利益を得るための人為的な行為である。森林生態系における生産物は，木材生産物と非木材生産物に分けられる。林業の目的は，農業と同様に対象となる生産物について単位面積・単位時間当たりの生産量の最大化とその持続的な生産を両立させることである。

8.2.2　木材生産物

　木材生産物は，主に樹木の幹の部分から生産される。木材生産のために，一定サイズ以上の樹木を伐採し，幹を一定の長さの丸太に切断する。切断された丸太は用途に応じた形状に加工され，建材や家具など多岐にわたる対象に使用される。また，木材生産物は燃料（薪）としても使用される。伐採した幹から加工する木炭は，日本国内では近年ほとんど使用されていないが，世界的にはまだ多くの地域，特に発展途上国で使用されている。その他の主要な木材生産物としては，紙の材料であるパルプなどが挙げられる。

8.2.3　木材生産物の生産過程

　木材生産物の生産過程について日本の人工林を例に説明する。日本国内の森林面積の約 40％が人工林である。この人工林の大部分がスギもしくはヒノキ

が優占する森林である。これらは基本的に木材生産物を生産するための森林である。ここでいう木材生産物とは，つまるところ樹木の最も太い幹（主幹）である。前述の通りこれらの森林は，「決められた面積において用途に応じた一定サイズ以上の太い幹を短い時間でたくさん生産すること」と「この木材生産を持続的に実施する」ために作り出された。そこで，木材の品質の向上のために播種・植栽後，樹木の幹を最大化して伐採できるよう様々な管理がなされている。以下その過程の代表的な例について説明する。

　一定間隔で苗木を植栽した後，森林下層に存在する草本植物や低木を伐採する（下刈り・除伐）。これによって植栽木に対する競争が緩和され，植栽木の成長が促進される。下刈り・除伐によって伐採された植物体は森林下層に置かれる。これらのデトリタスはやがて分解され，森林生態系の物質循環に組み込まれることで最終的に植栽木に利用される。植栽木の成長に併せて主幹の側面の枝を伐採する（枝打ち）。これは主幹を最大化させるために，主幹以外の枝に物質を投資させないようにし，また，主幹がまっすぐ成長するように成長方向を修正するためである。伐採した枝は，下刈り・除伐と同様に森林下層に置かれる。植栽木が一定のサイズにまで成長すると，一定の密度になるまで植栽木を伐採する（間引く）。これによって植栽木同士の競争を緩和することで残った植栽木の成長を促進する（**図 8-2**）。また，間引きによって下層で草本植物の定着が促進される。植栽初期とは異なり，この段階における植栽木の樹高は，草本植物よりもはるかに高くなっている。そのため，草本植物との間で光をめぐる競争が起きる可能性は低い。また，草本植物が林床を覆うことで土壌の安定化や土壌流出の防止などの効果が期待される。最終的に，一定サイズに達した植栽木は伐採される（主伐）。

　主伐の時期は，主幹のサイズと森林生態系における物質の収支や循環を考慮して決定される。植栽木を伐採するということは，とどのつまり森林生態系から伐採木に含まれる物質を取り除くことである。すなわち，次の植栽木が成長するのに必要な物質が蓄積するまでは主伐を待つ必要がある。森林生態系における物質の蓄積経路の1つとして，リターが挙げられる。植栽木の成長に伴っ

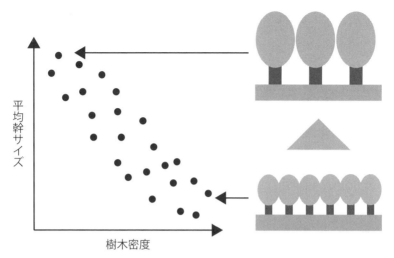

図 8-2　間引きに伴う樹木密度と平均幹サイズの関係（イメージ図）

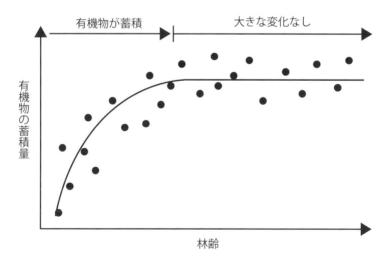

図 8-3　林齢（森林の年齢）に伴う森林生態系における有機物の蓄積量の変化（イメージ図）

て植栽木のリターが供給される。リター中の有機物が時間とともにリター層と土壌に蓄積する（**図 8-3**）。この蓄積量が頭打ちになった時点で主伐を実施することが，単位時間当たりの木材生産量の最大化と持続的な生産を両立させるための合理的な伐採のタイミングの 1 つといえる。

8.2.4　非木材生産物

　森林における非木材生産物としては，樹木の樹液（天然ゴム，まつやに，メープルシロップ，アラビアゴムなど），樹皮（コルクガシ，キハダなど），樹木の種子（栗，銀杏など），果実といった樹木の一部のほかに，樹木に共生している外生菌根（キノコ類）なども含まれる。その他，私たちが使用している薬の原材料の大部分は自然の植物由来であり，これらの多くは森林生態系に存在する植物である。

8.3　森林の調節サービス

8.3.1　気候の調節

　森林は，陸域の生態系における現存量の 90％以上を占め，また純一次生産量の約 80％を占める（2 章参照）。この膨大な量の有機物の生産機能は，地球規模での気候に大きな影響を及ぼす。

　樹木の光合成は気温の低下に寄与する。温室効果ガスの 1 つである二酸化炭素は，植物の光合成によって大気中から吸収される（2 章参照）。地球上の森林生態系に存在する膨大な量の葉による光合成は，地球規模における大気中の二酸化炭素量を減少させ，気温を低下させる。

　樹木の光合成に伴う蒸散（4 章参照）も地球の気温を低下させる働きがある。蒸散によって大気中に放出された液体の水は，気体の水蒸気に変化する。この水の状態変化の際に周囲の大気から熱が吸収され（気化熱），その結果，気温が低下する。

8.3.2 遮蔽

　大きなバイオマスを持つ樹木が密生する森林生態系は，物理的な遮蔽物として機能する。例えば，防風林は，強風やそれに伴う飛砂による被害や風による土壌の消失を抑制する。また，森林は津波，霧，落石，雪崩，吹雪，高潮に対する遮蔽物としても機能する。さらに，河川の氾濫や火災の拡大を抑制する効果も森林には存在する。

8.3.3 水質浄化

　樹木の無機栄養塩の吸収は，水界生態系へ流入する水に含まれる無機栄養塩（無機塩類）濃度を一定以下に維持する役割を担っている。雨水やリターの分解物など様々な形で森林の土壌にインプットされる無機栄養塩は，植物の根から吸収される（6章参照）。樹木はその大きなバイオマスの生産と維持のために大量の無機栄養塩を吸収する。結果的に，河川，湖沼，海洋に流入する無機栄養塩量を減少させる。水界生態系への過剰な無機栄養塩の流入は，様々な生態系の改変を引き起こす可能性があるが（10章参照），森林はそれを抑制している。

8.3.4 浸食防止・土壌保全

　森林は，降雨による土壌構造の破壊を防止する機能を持つ。降雨が地表面に直接当たると，土壌粒子同士のつながりを物理的に破壊する（雨滴衝撃，**図 8-4**）。破壊された土壌粒子は細分化され，細分化された土壌粒子が孔隙を埋める。その結果，土壌の透水性が低下し，降雨が土壌を通過してその下方に流れず，土壌表面を流れることになる。このとき，表層土壌も一緒に生態系外に流出することになる（9章参照）。森林生態系は，林冠（樹冠の集まり）やリター層によって直接土壌に届く降雨を減少させ，雨滴衝撃による土壌構造の破壊と土壌流出を抑制する。

　また，土壌層における樹木の根の展開は，土壌構造を安定させる。樹木の根が土壌粒子の隙間に入ることで土壌粒子を固定する。それによって雨風による土壌流出を抑制する。

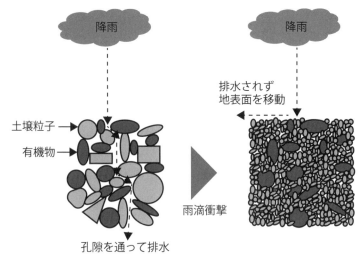

図 8-4　雨滴衝撃による孔隙の減少と排水性の低下

8.3.5　洪水緩和・水源涵養

　森林は，土壌構造の存在を介して間接的に河川へ流入する水の量を制御している（図 8-5）。樹木のように樹高が高い植物の維持には一定の深さの土壌まで根を展開する必要がある。そのためには，その深さに相当する土壌構造が存在する必要がある。この一定の深さの土壌構造は，一時的に降雨を貯留することができる。生態系における主要な水の貯留場所はこの土壌構造でなく，その下にある基岩である。基岩には多くの隙間があり，土壌に浸透した降雨はこの隙間に貯留される。ただし，基岩の隙間は水の入口が狭く，一度に大量の水が入ることができず，あふれた水は地表を流れることになる。土壌構造はこの一度に入らない水を一時的に貯留し，降雨の強度を緩和させることで，基岩に浸み込む水の量を増加させる。その結果，大雨時に短期間に河川に流入する水の量を減少させることで水害を抑制し（図 8-6），また干ばつで水がないときの水源になるといった「緑のダム」として機能する。

8章　森林生態系　89

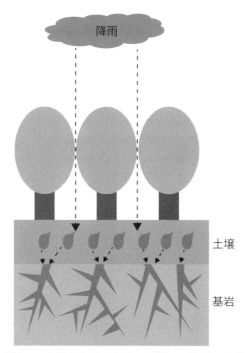

図 8-5　森林における土壌・基岩への降雨の移動

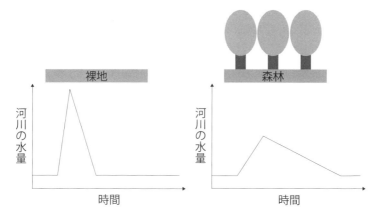

図 8-6　裸地と森林における大雨後の河川の水量の時間変化（イメージ図）
　裸地と森林における降雨量は等しいとする

演習問題

1. スギとヒノキ以外の人工林について，対象樹種，その目的，施業方法や期間について自分で調べて説明しなさい。対象は日本国内に限らない。

2. 天然林と人工林を構成する樹木の個体サイズに対する頻度分布の図（x軸が個体サイズ，y軸が個体数もしくは個体数の割合のグラフ）をそれぞれ描きなさい。また，2つの森林の図の違いについて説明しなさい。

3. 森林伐採して長期間雨風にさらした場所において，同じ体積（容積）の土壌におけるその重量を伐採前と比較しなさい。また，その根拠を説明しなさい。

9章 陸上生態系の改変と劣化

9.1 無機塩類

9.1.1 化学肥料の影響

　20世紀以降の化学肥料の使用は，地球規模で生態系の窒素の収支と循環を改変した。1906年にハーバー（F. Haber）とボッシュ（C. Bosch）によって大気中の窒素分子からアンモニアを生成する方法が開発された。このハーバー・ボッシュ法の確立によって，事実上無限に窒素肥料を生成することが可能になった（もちろん生成設備の制限はあるが）。その結果，自然の生態系の窒素の収支や循環に依存しない農業生産が可能になった。農業生産つまり食料生産の増加による人口増加は，新たな食料需要を生み，さらなる人口増加が起きた。このような正のフィードバックが，20世紀以降の爆発的な人口増加（3章参照）の一因となった。一方で，このような地球規模での生態系における窒素の収支と循環の改変は，様々な環境問題などを引き起こした。

9.1.2 持続可能な都市生態系

　では，化学肥料の使用前の生態系は使用後と比較してどのような違いがあるのか？　この疑問への1つの答え（例）として，江戸時代の日本の都市部の生態系について説明する。

　江戸時代の東京（以下江戸）を1つの生態系と捉えた場合，江戸は当時の世界の大都市（ロンドンやパリなど）と比較して，有機物や無機塩類の収支と循環のバランスが取れた生態系であったといえる。江戸の周辺地域の農村で生産された農業生産物や薪炭，江戸湾（東京湾）から水揚げされた漁業生産物は，江戸に持ち込まれ，江戸の住民によって消費された（**図9-1**）。これは生態系の外

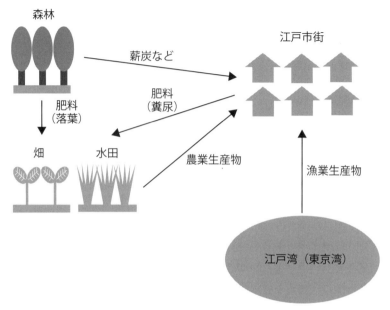

図 9-1　江戸市街と郊外における物質の移動

から内に有機物が持ち込まれ，食物連鎖を介して生物体内に取り込まれたことを意味する。一方で，江戸の住民の排泄物は周辺地域に持ち出され（これ自体が産業として成り立っていた），農作物を生産するうえでの肥料として使用された。これは，生態系の内から外に有機物を持ち出し，有機物を無機化したうえでそれを元に再び有機物を生産したことを意味する。これによって人口密度が高い都市部での有機物の蓄積，また蓄積による悪臭や伝染病の蔓延が抑制されていた。これが，当時の江戸では世界の他の大都市よりも高い人口密度が維持されていた理由の1つと考えられている。

　江戸においてこのような持続可能な物質の循環が可能な生態系が構築できた理由の1つに，都市部周辺での農業において有機肥料の需要があったことが挙げられる。当時の日本では，畜産や酪農がほとんど実施されていなかったため，

家畜の排泄物由来の有機物を肥料として利用できなかった。それに対して，畜産や酪農が盛んで家畜の排泄物を肥料として利用可能であったヨーロッパでは，人間の排泄物を農業の肥料として使用する必要があまりなかった。

9.1.3 食料自給率の変化

次に，物質の収支や循環に偏りがある都市生態系について，現在の日本を例に説明する。特に，食料自給率と穀物の輸入量の点から，日本を1つの生態系と捉えたときの課題について説明する。食料自給率とは，対象の国（や地域）において食料の消費量（≒国内生産量−輸出量）に対する国内（地域内）での食料の生産量の割合のことである。つまり自分たちの食料をどの程度の自分たちが住んでいる国や地域で賄っているか，という指標である。ここでいう食料には人間が直接食べるものだけでなく，肉や生乳を得るための家畜の飼料も含まれる。食料自給率は，対象の食料の栄養価であるエネルギー（カロリー）もしく

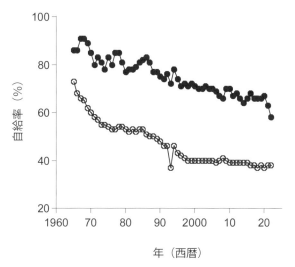

図9-2　日本における食料自給率の経年変化
●は生産額ベース，○は供給熱量（カロリー）ベースの総合食料自給率を示す
農林水産省のwebサイトのデータに基づいて作成

は経済価値である生産額をベースで計算することができる。日本の食料自給率は，1965 年から 2020 年年にかけて生産額ベースで 86 ％から 58 ％，供給熱量ベースで 73 ％から 38 ％まで低下している（**図 9-2**）。

　食料自給率が低下するということは，穀物（食用＋飼料用）の国内消費量に対して輸入量が増加したことを意味する。これを生態系における物質の収支という視点で考えると，生態系外（国外）からの物質の流入量が生態系内（国内）からの物質の流出量を超過した状態であるということになる。この超過した物質は生態系に様々な影響を及ぼし，深刻な環境問題になるケースが存在する。例えば，超過分は国内で廃棄物として蓄積するほか，水界生態系にも流入する。水界生態系に流入した有機物は，水質汚濁や富栄養化（10 章参照）を引き起こす。また，廃棄物の一部は焼却処理されるが，有機物を燃焼すると当然ながら二酸化炭素が発生し，これは地球温暖化の原因になる可能性がある。

9.1.4　家畜の排泄物の影響

　日本では 19 世紀以降に実施されるようになった畜産・酪農は，農業生態系における物質，特に窒素の収支と循環を改変した。北海道を除く都府県では畜産・酪農のための農地（牧草地）に使用できる土地が限られることが多い。限られた狭い土地で一定以上の農業生産物（肉，生乳，体毛など）を生産するためには，高密度下で家畜を飼育することになる（**図 9-3**）。高密度下での家畜の飼育では，家畜（一次消費者）の摂食量が牧草（生産者）の純一次生産量を上回ることになる。家畜の摂食量の不足分は，国外からの輸入も含めて生態系外から持ち込んだ飼料で補うことになる。この飼料は一般的に栄養価が高い（窒素などの栄養元素を多く含む）ものが多い。高密度下での家畜に高栄養価の飼料を供給すると，窒素を多く含む糞尿が排泄される。これは，生態系外から持ち込まれた窒素が系内にインプットされることを意味する。インプットされた窒素が土壌の許容量を超えて生態系外，例えば水界生態系に流入した場合，富栄養化などの環境問題を引き起こすことがある。

　家畜の排泄物による環境への窒素負荷量には，都道府県の間で違いがみられ

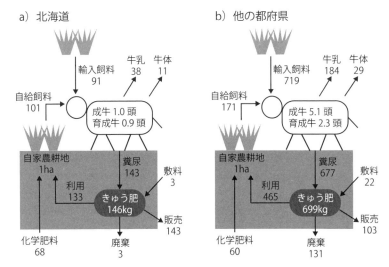

図 9-3 (a) 北海道と (b) 他の他都府県の畜産・酪農における物質の収支と循環
1990 年における 1 ha 当たりの年間の窒素量 (kg/ha/年) の値を示す
都築・原田 (1996) より改訂

る。畜産・酪農に使用できる土地の面積が広い北海道では，他の都道府県と比較して単位面積当たりの窒素負荷量が小さい。また，家畜の排泄物による環境への窒素負荷量は，家畜の種類によっても異なる。1頭当たり1日に排泄する糞尿の量とそこに含まれる窒素量は，乳牛，肉牛，豚の順に大きい。

9.2 水

9.2.1 かんがい農業

一般的に人間の生活において使用される水のうち，占める割合が最も大きいのが農業用水である。人口増加に伴う食料需要の増加に伴って，農業用水の使用量は増加し続けてきた。その結果，これまでに農業用水として利用してきた降雨や河川など以外の水源から水を利用するようになった。

かんがい農業とは，対象の土地に河川や地下水から人工的に水を引き込むこ

とで実施される農業のことである。かんがい農業は、水以外の資源や環境（光，栄養塩，温度など）といった農業生産に必要な条件が満たされている場所で非常に有効な方法である。近年，化学肥料とかんがいの適用によって農業生産量は飛躍的に増加した。その結果，21世紀においてかんがい農業は，世界の耕地面積の約20％，食料生産量の約40％を占めるに至った。

　かんがい農業による農業生産を維持するためには，将来にわたって水を引き込み続ける必要がある。つまり生態系内外のどこかに存在した水が，引き込んだ分だけ消失することになる。この水の消失量（速度）が供給量（速度）を上回ると，その生態系における水の収支が破綻することになる。その結果，水源（河川，湖沼，地下水など）の水量の減少や水源自体の消失や土壌の塩類化などが起こりうる。

9.2.2　水の消失

　地下水はかんがい農業に利用できる水の1つである。地下水は降雨が地表面から浸透し，地中にある複数の帯水層と呼ばれる場所に蓄積した水である。井戸を掘り，ディーゼルや電動のポンプを利用して帯水層に存在する地下水がくみ上げられ，かんがい農業に利用される。一定量の地下水帯の形成には，場所によってばらつきはあるが，数千年以上の時間を要する場合もある。そのため，かんがいによって短期間に大量の地下水を利用することで，その利用速度が蓄積速度を上回れば，将来，地下水の消失を引き起こす可能性がある。

　かんがい農業による地下水の消失の一例として，アメリカのオガララ帯水層について説明する。オガララ帯水層は，アメリカ合衆国中部に位置する総面積が約45万km^{2}の世界最大の地下水層である。20万本以上のポンプで地下水をくみ上げ，かんがい農業を実施した結果，アメリカの農地産物の生産量の約20％を占めるに至っている。このかんがい農業によって，帯水層における水の蓄積速度の約10倍の速さで帯水層の地下水が消失している。これまでに帯水層の地下水全体の約30％がすでに消失しており，今後50年間でさらに39％が消失することが予測されている。

河川水もかんがい農業で利用される水の1つである。一般的（伝統的）な水田のように，利用しなければ海に流れ出るだけの降雨由来の河川水を利用するかんがい農業であれば，長期的に水の収支が破綻する可能性は低い。一方で，乾燥地域など十分な河川水がない場所で，供給速度を上回る速度で河川から水を引いた場合，水の収支が破綻し，様々な問題が生じることがある。

河川水の過剰利用による水の消失の例としてアラル海の変化について説明する。アラル海は，カザフスタンとウズベキスタンの国境に存在する"20世紀半ばまで"世界で4番目に大きな面積であった湖（約67,000m^2）である。つまり2025年の時点において世界で4番目に大きな湖ではない，ということである。現在のアラル海の水量は，20世紀半ばの10分の1にまで減少している（図9-4）。これは一般的な世界地図などで確認できるレベルの大きな変化である。

アラル海の水の消失の原因は，アラル海に流入する2つの河川の上流地域において，河川水をかんがい農業などに利用したことである。2つの河川の水をかんがい農業に利用することで，その地域は世界的な綿花の生産拠点になった一方で，アラル湖に流入する水が大幅に減少した。アラル海は，2本の河川から水が流入する一方で，アラル海から流出する一定流域面積以上の河川が存在しない。つまり2本の河川からの水の流入速度と湖からの水の蒸発による消失速度が釣り合った結果として湖の水量と面積が決まっていた。このような状況

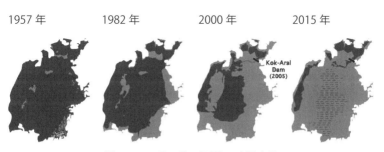

図9-4　アラル海の面積の時間変化

濃い部分が水面，薄い部分が完全に干上がった場所，破線はほぼ干上がった場所を示す
Kok-Aral Dam：2005年に建設された堤防
Luxner & Drake（2015）より改訂

で，河川からの水の流入量だけが減少した結果，流入と蒸発のバランスが崩壊し，湖の水量と面積が激減した。

9.2.3 土壌の塩類化

かんがい農業は，水の供給が少ない乾燥地域で実施されることが多い。乾燥地域の中でも母岩（5章参照）に無機塩類を多く含む場合，かんがい農業によって地表面に無機塩類の蓄積が促進される可能性がある。

降水量が少なく母岩に塩類を多く含む地域では，もともと地表面に無機塩類が蓄積しやすい。乾燥によって土壌表面から水が蒸発すると，下層から水が地表面に向かって移動する（図9-5）。このとき土壌中の無機塩類が水に溶け込み，水と一緒に地表面に移動する。そして水のみが地表面から蒸発し，無機塩類は表層土壌に蓄積する。

かんがいによる水の供給は，この表層土壌における無機塩類の蓄積を促進することがある。乾燥地域では土壌の浅い層に透水性が悪い土層（不透水層）が存在することがある。かんがいによって一度に大量の水が供給されると，排水が不十分な状態になり，一時的に地下水位が形成される。この状態では土壌の

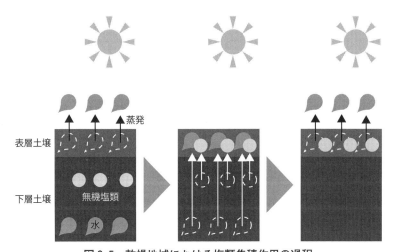

図9-5　乾燥地域における塩類集積作用の過程

孔隙が水に満たされ，地表面から下方まで水でつながった状態になる。この水に土壌中の無機塩類が溶け込み，地表面に移動し，水のみが蒸発することで無機塩類が表層土壌に蓄積する。

9.3 土壌

9.3.1 土壌劣化と砂漠化

　陸上生態系における基盤の1つである土壌は，近年，人間活動の結果，多くの地域において基盤としての機能が劣化・消失している。土壌の生成過程（5章参照）を考慮すると，劣化・消失した土壌の機能を元の状態に戻すには，数百年〜数千年の時間がかかる場合もある。

　土壌劣化とは，不適切な管理や過剰な農業生産の結果，土壌が荒廃し，農業生産量が著しく低下することである。特に，乾燥地域における土壌劣化を砂漠化という。

9.3.2 土壌劣化の発生要因

　土壌劣化の原因の1つとして，農業における不適切な管理や過剰な農業生産が挙げられる。近年の人口増加に伴う食料需要の増加の結果，農耕地が拡大し，また面積当たりの収穫量も増加した。農耕地の拡大のために，急傾斜地や貧栄養（有機物や無機塩類が少ない）な土地など本来農業には不向きな土地も利用するようになった。また，面積当たりの収穫量を増加させるために，十分な施肥をしないで短い間隔で収穫を繰り返すと，収穫による物質の消失速度が土壌への物質の供給速度を上回ることになる。

　このような状況は移動式焼畑農業でも起こる。移動式焼畑農業とは，草地や森林を燃やし，その焼け残りに含まれる物質を利用して農業生産を行う農業のことである。ある場所で農業生産を行い，生産性が低下すると場所を移動して焼畑と農業生産を行う。移動元の場所では農業生産が放棄された後，自然植生が回復し，土壌有機物が蓄積する。十分な有機物が蓄積すると，再度その場所

に戻って焼畑と農業生産を行う。このように，焼畑→農業生産→放棄→植生回復→有機物蓄積→焼畑，というサイクルを複数の地域で行うことで持続的な農業生産を行う。しかしながら，近年農業生産量を増加させるために，このサイクルの放棄から有機物蓄積の期間を短縮化する，つまり土壌有機物が十分に蓄積する前に農業生産を行うことで，土壌有機物の蓄積量を消失量が上回った結果，土壌劣化が起きている。

　過放牧も土壌劣化の原因の1つである。アジアやアフリカなどの自然草地植生は，畜産・酪農のための牧草地として利用されてきた。食料需要の増加に伴って，面積当たりの家畜からの生産物を増加させるために家畜の密度を増やす，つまり同じ面積の草地により多くの家畜を放牧するようになった。家畜の密度の増加に伴って家畜の摂食量（≒植物の被食量）が植物の純一次生産量を上回ると，草地植生が退行・消失し，土壌が露出する。植生の退行・消失によって植物による土壌構造の保全機能が消失し，その結果，雨風による土壌の消失が進行する（9.3.3参照）。また，家畜密度の増加に伴って家畜が土壌を踏みつける力（踏圧）が増加する。これは，土壌の孔隙のサイズと数を減少させ，透水性を低下させる。その結果，降雨時に土壌表面を流れる水の量とそれに伴って流出する土壌の量を増加させる。

9.3.3　土壌浸食

　土壌劣化の最も直接的な原因として土壌浸食が挙げられる。土壌浸食とは，植生の消失に伴って露出した表層土壌が雨風などによって生態系外に流出することである。土壌浸食の起こりやすさやその程度は，自然植生ほど小さく，裸地や耕作地ほど大きい。また耕作地でも，湛水によって水に覆われている水田よりも畑のほうが土壌浸食は起こりやすい。

　土壌浸食が起きることで土壌の物理構造が消失するだけでなく，表層土壌に含まれる有機物や無機塩類も消失する。また，土壌 pH などの土壌の化学的特性が変化することもある（9.3.5参照）。このような土壌の物理的・化学的特性の変化の結果，陸上生態系の一次生産が低下することがある。

9.3.4 人工林における土壌劣化

　土壌劣化は，農業生態系だけでなく森林生態系でも起こりうる。これは樹木の過剰な伐採など単純に植生の消失のような場合でなくても起こりうる。ここでは，日本の人工林における森林生態系の土壌劣化の例を紹介する。

　ヒノキは，スギに並ぶ日本の代表的な人工林の構成樹種である。ヒノキの人工林は，天然林はもちろんアカマツやスギの人工林と比較しても表層土壌の消失量が大きい。これは，降雨時の雨滴衝撃による土壌構造の破壊（8章参照）の程度が他の森林より大きいためである。ヒノキ人工林では，樹冠の被覆率が高く，下層に到達する光の量が少ないため，下層植生が発達しづらい。また，ヒノキのリターの蓄積が起こりにくい。これは，ヒノキの落葉が短期間で細かく軽い鱗片状になり（図9-6），雨滴衝撃によってはじかれるため，被覆効果が低いためである。そのため，ヒノキ人工林を継続的に施業すると，徐々に表層土壌が消失する。その結果，森林生態系における一次生産量や土壌の保水機能などが低下することがある。

9.3.5 侵略的外来動物の攪乱による土壌劣化

　人間活動による直接的な土壌劣化に加えて，人間活動の1つである外来生物

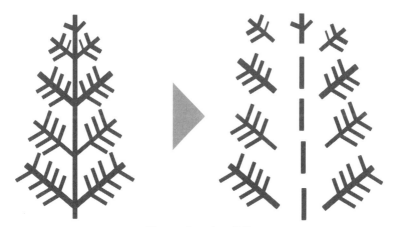

図9-6　ヒノキの落葉

による攪乱が土壌劣化を引き起こすことがある。ここでは，侵略的外来動物であるヤギによる土壌劣化の例を紹介する。

ヤギ（*Capra hircus*）は，国際自然保護連合によって選定された世界の侵略的外来生物ワースト100の1つである。世界中の多くの地域，特に島嶼域において導入され，野生化し，生態系に大きな影響を及ぼしている。ヤギによる植物に対する強い採食と踏圧は，植生を退行，消失させ，結果的に植物の消失だけでなく動物の生息地の消失も引き起こす。また，植生の消失に伴って表層土壌が露出する。露出した土壌が雨風にさらされることで，土壌流出が起きる。土壌流出は，土壌構造という陸上生態系の機能の劣化を引き起こすだけでなく，海に流れ込んだ土壌がサンゴの成長を阻害するなど海洋生態系の劣化も引き起こす。このような生態系の劣化が起きた多くの地域において，ヤギの駆除や個体数の抑制が実施されている。

ヤギの駆除が実施された地域では，駆除後に植生が回復する場合もあれば，回復せずに土壌流出が続く場合もある。この駆除後の植生の回復の有無や程度の違いは，駆除前の生態系の機能，特に土壌構造の劣化の程度と関係している可能性がある。例えば，駆除前に植生が消失して表層土壌が露出した場所では，植生の消失が起きなかった場所と比較して，ヤギの駆除から数年経過しても植物の一次生産量，土壌の有機物量，無機塩類量が少なく，酸性の土壌であることが多い（**表 9-1**）。

表層土壌の流出とは，それまで下層にあった土壌が表層に出現することを意味する（**図 9-7**）。いったん失われた表層土壌が自然に回復するためには，数百年かそれ以上の時間がかかる。そのため，ヤギ駆除後に定着した植物は，出現した下層土壌で生育することになる。有機物や無機塩類が乏しい下層土壌では，植物の成長が制限される。さらに酸性土壌では，土壌から溶け出した鉄イオンやアルミニウムイオンが水溶性のリンと結合する（6章参照）。その結果，もともと少なかった植物が吸収可能なリンの量がさらに減少する。このような植物の成長の制限が，ヤギ駆除後であっても植生が回復しない理由の1つと考えられる。このようにヤギの採食と踏圧が植生の退行・消失を介して間接的に土壌

表 9-1 ヤギの駆除前の植生の状態の違いによる駆除後の生態系の状態の比較

		裸地	草地
一次生産	地上部バイオマス (g/0.09 m^2)	45.6 ± 9.4	87.1 ± 7.1
土壌特性	炭素量（％）	1.6 ± 0.3	2.5 ± 0.1
	窒素量（％）	0.1 ± 0.02	0.2 ± 0.01
	有効態リン酸量 (mg/100 g 乾燥土壌)	13.8 ± 7.0	22.7 ± 4.0
	置換酸度 (me/kg)	14.4 ± 3.3	3.1 ± 0.7

地上部バイオマスは草本植物の乾燥重量であり，陸上生態系の一次生産量の指標である．炭素量は土壌中の有機物量，窒素量は土壌中の有機態窒素と無機態窒素の合計値，有効態リン酸量は土壌中の植物が利用可能なリンの量，置換酸度は土壌の酸性の程度の指標である
Hata et al. (2014) より改訂

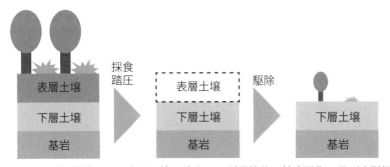

図 9-7 ヤギの攪乱による表層土壌の流出がヤギ駆除後の植生回復に及ぼす影響

劣化を引き起こす場合，直接的な原因であるヤギの影響を取り除いても，失った生態系機能が回復しないことがある．

演習問題

1. 北海道とそれ以外の都府県の牧場において，生態系における (1) 一次生産速度と (2) 窒素の無機化速度を比較しなさい。また，その根拠を説明しなさい。なお，牧場を 1 つの生態系とみなす。

2. かんがい農業による弊害について，オガララ帯水層とアラル海以外の例を 1 つ挙げ，説明しなさい。

3. 強い土壌流出が起きた場所の土壌を用いて植物を栽培した。その際，(1) 水溶性のリンの量を増加させる処理，(2) pH を上昇させる処理，(3) (1) + (2) という 3 つの処理を行った。このとき，(1) ～ (3) によって植物の成長はどのように変化するかを，その根拠を示して説明しなさい。

10章 淡水生態系

10.1 淡水

10.1.1 資源としての淡水

　淡水は，淡水生態系の主要構成要素であると同時に，淡水そのものが生態系における主要な供給サービスでもある。水は，多くの生物体の主要な構成要素であり，生命の維持において不可欠な物質である（4章参照）。また，現代社会において，人類は様々な生活用水，農業用水，工業用水として淡水を利用している。

　淡水を資源として捉える場合，飲料水や生活用水のように直接摂取・利用する淡水だけでなく，農産物や木材などを生産するために使用した水も間接的な淡水資源と捉えることができる。このような水のことを仮想水（Virtual water）といい，淡水資源の管理などの問題を考えるうえで用いられる。

10.1.2 地球上の淡水の分布

　地球上に存在する水のうち，資源としての淡水の割合は非常に少ない。地球上の水の96.5％は海水，1.74％が氷冠・氷河であり，これらは実質的に人間が資源として利用できない。河川や湖沼のような人間が利用しやすい淡水は1％にも満たない（**表 10-1**）。

　また，このわずかな利用しやすい水は，地球上の陸地に均質に分布しているわけではない。日本のように資源の淡水が比較的豊富に存在する国や地域がある一方で，飲料水の確保も大きなコストがかかる国や地域も存在する（**図 10-1**）。

　さらに前述の仮想水の概念を考慮すると，新たな課題が見えてくる。**図 10-2**は，日本を中心とした世界の仮想水の移動を示している。これを見ると日本の

表 10-1　地球上の水の分布

存在場所	水量 (10^3 km^3)	淡水全体に対する割合（%）	水圏全体に対する割合（%）
海水	1,338,000		96.5
地下水	57,330	30.1	2.46
土壌水	16.5	0.05	0.001
氷河・永久積雪	24,064	68.7	1.74
永久凍土帯の地面の氷	300	0.86	0.022
淡水湖の水	91	0.26	0.007
塩湖の水	85.4		0.006
沼水	11.5	0.03	0.0008
河川水	2.12	0.006	0.0002
生物水	1.12	0.003	0.0001
空気中の水	12.9	0.04	0.001
淡水の水の総量	58,429	100	4.23
水圏の水の総量	1,386,000		100

Shiklomanov & Rodda 編（2003）より改訂

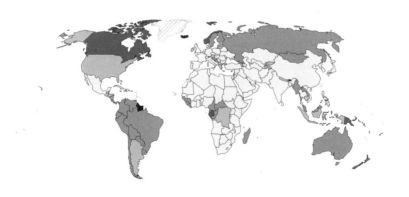

図 10-1　国・地域別の1人当たりの再生可能な淡水資源の分布

2020 年における流入する河川流域から内部淡水（m^3/年）を示す
FAO（国際連合食糧農業機関）のデータに基づく Our World in Data から引用

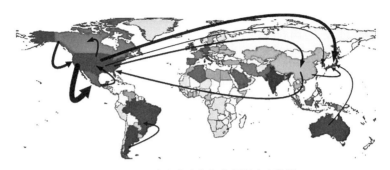

図 10-2　日本を中心とした仮想水の移動
国・地域の濃淡は，仮想水の輸出・輸入の程度の違いを示す
Hoekstra & Mekonnen (2012) より改訂

ように淡水資源が豊富に存在し，かつ食料自給率が低く，農作物の輸入量が輸出量を超過している国も存在する。これは，「淡水資源が豊富にある国が，豊富でない国から農産物という形で淡水を輸入している」と捉えることもでき，将来地球規模で枯渇の可能性がある淡水資源の管理における課題の1つであるという意見もある。

10.2　淡水生態系の構造・機能

淡水生態系は，降雨(・降雪)が陸上に入り，海洋に出ていくまでの間に存在する生態系である。この水の流れに沿った物質と生物の移動によって河川，湖沼，湿地などの様々な生態系が存在するが，水の流れがある流水環境と水の流れがないもしくは小さい止水環境に分類することができる。

10.2.1　河川

代表的な流水環境である河川は，降雨として陸上にインプットされた水が高低差や地形に沿って流れた結果，形成される水の通り道(河道)と河道を流れる水および河道の周辺域の集合体である。生物や物質の移動を考慮すると，河

川は 1 本の線状の構造というよりは複数の線が複雑に結びついた水系と捉えることが妥当である（図 10-3）。

河川では上流から下流への水の流れに沿って物質が移動し，その結果，それぞれの場所で食物連鎖や物質循環が生じる。これらの特徴は，それぞれの流域における勾配や河川幅などに依存する（図 10-4）。例えば，上流域では河川幅が狭く，河川上部を樹木の樹冠に覆われることで河川に到達する光の量が少ない一方で，河川面積当たりの樹木のリター由来のデトリタスの供給量が大きい。その結果，生産者の光合成による一次生産から始まる食物連鎖（生食連鎖）より

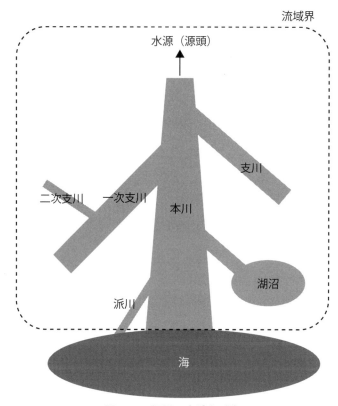

図 10-3　河川の水系と呼称

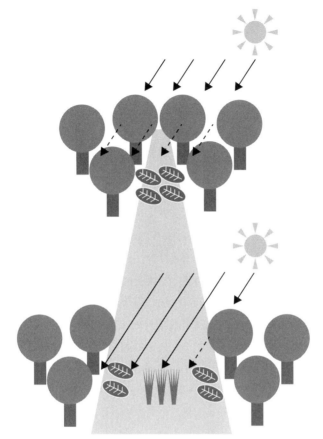

図 10-4　河川の上流と下流における光の到達とリターの供給の違い

もデトリタスの分解から始まる食物連鎖（腐食連鎖）のほうが起こりやすい。それに対して，中・下流域では河川幅が広く樹冠に覆われる割合が小さく（つまり河川に十分な光が到達する），かつ流速が遅いため，藻類などの生産者が定着しやすい。そのため，一次生産から始まる生食連鎖がより起きやすい。

10.2.2　湖沼

　代表的な止水環境である湖沼は，陸地に囲まれ海と直接つながっていない半閉鎖的な淡水生態系である。そのため，生態系内で生物と非生物要素の間の相互作用によって隔離され，独立した生態系が形成されることが多い。一方で，河川の流入がある場合，河川に含まれる物質の影響を強く受ける場合もある。

　湖沼では，植物プランクトンや水草などの光合成による一次生産から食物連鎖が始まる。これらを一次消費者である動物プランクトンや水生昆虫などが捕食し，小型魚類，大型魚類と連鎖し，最終的に水鳥類やヒトがつながる。

10.2.3　湿地

　湿地とは，常時もしくは季節的に浅い水で覆われる，もしくは土壌が水で飽和状態になる場所の総称である。湿地には，泥炭地，氾濫原などの淡水の自然生態系に加えて，水田やため池のような人工的な生態系，マングローブのような汽水域の森林生態系，藻場やサンゴ礁などの海水域の生態系（11 章参照）も含まれる。湿地は，経済価値が高い生態系サービスを多く持ち，かつ生物多様性の保全上においても非常に重要な生態系である。しかしながら，人間活動の結果，1900 年以降世界の湿地の約 64 %，1700 年以降その約 87 %が消失した。このような危機的な状況を受けて，国際的な枠組みとして 1971 年にラムサール条約が採択され，消失しつつある湿地の保全や持続的利用のために，情報交換，教育，参加，啓発活動が進められている。

　湿地の代表的な生態系である氾濫原は，洪水の際に河川水が河道から逸脱する範囲のことであり，谷底平野，扇状地，三角州などの比較的平坦な低地の地形が含まれる。氾濫原は，人類が狩猟採集中心の生活をしていた時代から始まり，農耕が広まり，都市が形成され，古代文明が発展した時代から現代に至るまで人間活動の主要な場所であった。資源としての水が豊富に存在することに加えて，一定の間隔で発生する氾濫（洪水）によって上流から有機物や無機塩類を含む土砂が運ばれ，堆積することで，農業生産物などの高い生産性による供給サービスを享受することができた。

10章　淡水生態系　　111

　泥炭地も湿地の代表的な生態系の１つである。泥炭地は，雨水を貯留し，洪水や干ばつなどの頻度や強度を緩和し，また，世界の森林の２倍の炭素を蓄積し，温室効果ガスである二酸化炭素の放出を抑制するなどの生態系の調節サービスを持つ。また，泥炭地で広く実施されている畜産業，漁業，農業（農耕）による供給サービスを担っている。さらに，絶滅危惧種を含む多くの生物の生息・生育地でもある。

10.3　淡水生態系の改変・劣化

10.3.1　富栄養化

　富栄養化とは，生態系内に有機物や無機塩類が蓄積する現象である。富栄養化自体は自然条件下でも一般的に起こる現象である。例えば，通常の遷移（1章参照）の進行に伴って，有機物や無機塩類の蓄積と，一次生産の増加と現存量の蓄積が起きる。ここでは，人為的な要因によって生態系の改変・劣化が引き起こされる富栄養化について説明する。

　人為的な要因による富栄養化は，窒素やリンなどの無機塩類が過剰に湖沼などの淡水生態系（場合によっては沿岸部などの海洋生態系）に流入することによって起こる。過剰な無機塩類の流入は，陸上生態系に供給される無機塩類の量が，生態系が吸収できる量を超過したことによって起こる。この超過は，農業における大量の化学肥料の施肥や家畜への高栄養価飼料の供給（9章参照），過剰な樹木の伐採による森林生態系による無機塩類の吸収量の減少（8章参照）などによって起こる。また，都市化によって工業用水や生活用水が増加することで，それらに含まれる無機塩類が淡水生態系に流入することも主要な原因の１つである。

10.3.2　富栄養化による生態系の改変

　湖沼などに無機塩類が過剰に流入すると，水界生態系における主要な生産者である植物プランクトン（シアノバクテリア）が爆発的に増加する（**図10-5**）。こ

れは，水界生態系における生産者の一次生産が，主に無機塩類の量によって制限されているからである（2章参照）。一般的にシアノバクテリアの一次生産速度は，一次消費者である動物プランクトンの摂食速度を上回ることが多い。つまり，シアノバクテリアの個体数の増加ほど動物プランクトンの個体数が増加しない。その結果，食物連鎖における物質の流れが止まり，生態系内でシアノバクテリアという形で有機物が蓄積する。増殖したシアノバクテリアは，水面を覆うことで水中・水底へ届く光の量を減少させる。その結果，水中・水底で生育する植物の光合成活性が低下し，それらの生存や成長が制限される。

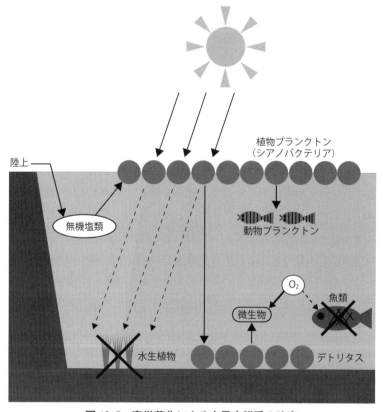

図10-5　富栄養化による水界生態系の改変

また，増殖したシアノバクテリアが死亡した際に発生するデトリタスが，生態系の改変を引き起こすことがある。動物プランクトンに摂食されなかったシアノバクテリアが死亡すると大量のデトリタスとなり，水底に堆積する。堆積したデトリタスを利用して微生物が活性化（増殖）する。それに伴って，微生物の呼吸による酸素の消費量が増加する。このとき，水中への酸素の供給がない状態が続くと酸欠状態となり，水生動物が死亡する。このような酸欠状態は，夏季や冬季に特に起きやすい。水中の酸素は通常，大気中の酸素が水表面から供給され，鉛直方向（水表面⇔水底）の水の移動に伴って水底を含む湖沼全体に運ばれる。湖沼における鉛直方向の水の移動の有無や程度は，季節によって変動があり，特に夏季や冬季には水の移動が起きにくい。

10.3.3 富栄養化への対策と課題

富栄養化による淡水生態系の改変とそれに伴う生物多様性の低下を防ぐために，様々な対策が実施されている。例えば，河川や湖沼に流入する無機塩類の発生源を特定し，その発生を抑制することで，生態系に流入する無機塩類の量が減少することが期待される。この効果や実現可能性は，発生源の特定のしやすさによって異なる。例えば，家庭や工場など“点”で存在する発生源は，特定が比較的容易である一方で，農地や市街地など“面”で存在する発生源は，その特定は困難であることが多い。これは，農地や市街地からの無機塩類の流出が主に降雨を介して起きるためである。また，無機塩類を含む堆積物を物理的に取り除く，水を撹拌することで水底など特定の場所に無機塩類が蓄積しないようにする，薬剤の使用により無機塩類が水に溶け出すことを抑制することも無機塩類の蓄積を抑制するのに有効な方法である。

このように水中の無機塩類量を操作する方法とは別に，シアノバクテリアそのものを減少させる方法も実施されている。シンプルに発生したシアノバクテリアを物理的に取り除く方法だけでなく，食物連鎖における生物間相互作用を利用して，シアノバクテリアの増殖を抑制する生物操作を行う方法も検討されている。これはシアノバクテリアの捕食者である動物プランクトンを増加させ，

その摂食量を増加させることで間接的にシアノバクテリアを抑制する方法である（**図10-6**）。そのために，動物プランクトンの捕食者である小型の魚類を減少させることで動物プランクトンの被食量を減少させる。そして小型の魚類を減少させるために，その捕食者である大型の魚類を導入する。つまり，栄養段階において3段階上（三次消費者）の大型魚類を人為的に導入することで，間接的に生産者であるシアノバクテリアを減少させるという方法である。一般的に栄養段階の上位種のほうが，体サイズが大きく個体数が少ないため，生物個体の除去や導入といった操作が比較的容易であることが多い。その反面，複数の生物間相互作用を介することを想定した操作は，想定外の結果を引き起こすことがある。これは，導入した生物種が想定していた以外の生物間相互作用の変化を引き起こす可能性があるからだ。そのため，このような生物操作は，事前に実験やコンピューター上でのシミュレーション，野外でのモニタリングなどに基づいて起こりうる可能性について可能な限り検討し，かつ想定外の結果が出たときの対応策などについても準備しておくことが望ましい。

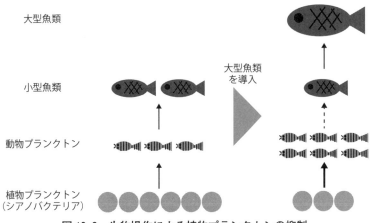

図10-6　生物操作による植物プランクトンの抑制

10章 淡水生態系 115

演習問題

1. 日本は，利用可能な淡水が非常に豊富に存在する一方で，農作物の輸入量が輸出量を大きく上回る。このような現状に含まれる問題・課題をSDGsにおける点から説明しなさい。

2. 河川の上流と下流において (1) 有機物の無機化速度と (2) 無機物の有機化速度を比較しなさい。また，その根拠を説明しなさい。

3. 富栄養化が起きた湖において，シアノバクテリア，動物プランクトン，小型魚類の個体数において，起きる前から後にかけての時間変化を図示しなさい (x 軸が富栄養化前→後，y 軸が個体数の図を作成しなさい)。また，その時間変化の理由について説明しなさい。

11章 海洋生態系

11.1 海洋生態系の構造と機能

11.1.1 海洋の空間構造

　海洋生態系は，陸上生態系よりもはるかに大きな空間を持つ。地球の表面積の約 71 %，平均的な水深が 3,800 m という範囲に存在する海水が海洋生態系の空間といえるからである。また，海洋生態系は，陸上生態系と比較して連続性が高い（海水によってつながっているため）。

　海洋生態系を構成する生物は，沿岸域と外洋域に生息・生育している（**図11-1**）。沿岸域は陸地に近い水深 200 m までの潮間帯（潮の干満により干上がって陸地になったり海になったりする場所）から大陸棚までの範囲，外洋域は深海を含むそれ以外の範囲である。海洋の表面積の 9 割以上が外洋域であり，かつ水深を考慮すると，海洋の空間の大部分は外洋域が占めている。沿岸域は河川からの無機塩類の供給など陸上生態系と強く関係する。そのため，富栄養化（10章参照）のように陸上での人間活動の影響を受けやすい。

11.1.2 食物連鎖と物質循環

　沿岸域の生態系における一次生産は，主に河川から流入する陸上生態系由来の無機塩類やデトリタスに依存する（**図 11-1**）。沿岸域では，河川水に含まれる無機塩類が豊富に存在し，かつ太陽光が水底まで到達することが多い。そのため，植物プランクトンに加えて水草，海藻などの水生植物の光合成による一次生産が盛んに行われている。この一次生産から始まる食物連鎖によって大きな現存量と多様な生物相が維持されている。

　干潟は，河川で運搬された陸地からの土砂や砂泥が堆積し，さらに潮の干満

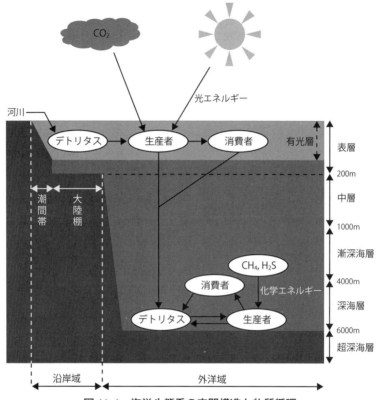

図 11-1　海洋生態系の空間構造と物質循環

によって海水面からの露出と沈水を繰り返すことで形成される沿岸生態系である。干潟の土壌と水には陸上生態系由来の有機物が多く含まれる。この有機物中の炭素量は，沿岸生態系の生産者全体に含まれる炭素量よりも大きい。つまり，干潟における有機物の生産と食物連鎖は，生産者の光合成よりも土壌中の有機物により強く依存しているといえる。近年，日本では河口付近の開発による干潟の減少が顕著で，主な海域における干潟の面積は 1945 年から 1996 年の間に約 40 ％が消失した。

　サンゴ礁も生産性が高い沿岸生態系の 1 つである（2 章参照）。サンゴ礁は，

11章　海洋生態系　　119

刺胞動物（クラゲなどの仲間）の1種である造礁サンゴとその細胞内に共生する藻類の1種である褐虫藻によって構成される。褐虫藻の光合成によって生産された有機物の一部は，造礁サンゴによって利用され，一部は水中に放出される。また，炭酸カルシウムで構成される造礁サンゴの骨格は，複雑な空間構造を形成し，これは多様な水生動物の生息地となる。以上からサンゴ礁は，高い生産性と高い生物多様性を創出し，これらは生態系における基盤サービス，供給サービスを提供している。しかしながら，近年，温暖化に伴う海水温の上昇の結果，褐虫藻の死亡による白化現象が世界中で報告されており，この生態系サービスの消失が危惧されている。

　外洋域，特に水深が深い場所における一次生産と食物連鎖は，沿岸域とは異なり太陽エネルギーに依存しないことが多い。太陽光は一定の水深までにしか到達しないため，海洋における光合成活性は，水深に伴って低下し，水深約150 m（有光層）で見かけの光合成速度（1章参照）がゼロになる（図 11-1）。太陽光が届かない水深が深い環境では，上層から供給される生物由来のデトリタスに加えて，光エネルギー以外を利用して生産された有機物に依存している。深海では，光エネルギーの代わりに地熱による熱水中のメタンや硫化水素の化学変化に伴って発生する化学エネルギーを利用して有機物を生産している。

　海洋生態系では，植物プランクトンなどの生産者によって生産された有機物は，食物連鎖を介して生態系内を移動する。一般的に海洋生態系における食物連鎖の栄養段階の数は，陸上生態系よりも多い（図 11-2）。これは，食物連鎖を構成する生物個体のサイズの違いが関係している。低い栄養段階を構成する生産者（植物プランクトンなど）や一次消費者（動物プランクトンなど）の体サイズは，陸上生態系におけるそれらよりも小さい。その一方で，高次消費者（クジラ，シャチ，サメなど）は陸上の高次消費者よりも体サイズが大きいことが多い。この体サイズの差を食物連鎖によって埋めるためには，その間の栄養段階を増やす必要がある。

　また，海洋生態系では，純一次生産速度に対して現存量が陸上生態系と比較して非常に小さい（2章参照）。これは，純一次生産のうち生態系内に蓄積する

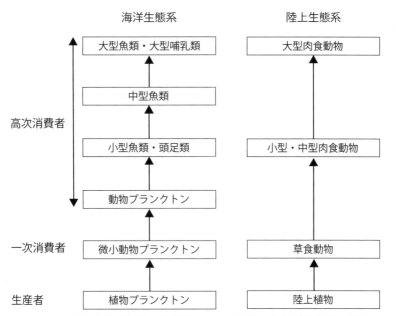

図 11-2　海洋生態系と陸上生態系における食物連鎖と栄養段階の比較

有機物（陸上生態系における樹木の幹，リター，泥炭，化石燃料など）が少ない，つまり，生産された有機物が特定の場所に留まらず，常に循環していることを意味する。

11.2　供給サービスとしての漁業

11.2.1　漁業

　漁業とは，水生動植物を捕獲，養殖し，利益を得る行為であり，海洋生態系が持つ主要な供給サービスである。漁業は，人類が食料確保のために紀元前から実施されてきた。21世紀になった現在でも人類が1年間に消費する食料の約半分を漁業生産物に依存している。2020年における世界での漁業・養殖業生産物は2億1,402万tであり，これらは人類の直接的な食料よりも家畜の飼

料や農作物の肥料としてより多く使用されている．つまり，漁業生産物は，陸上生態系における供給サービスを間接的に支えているともいえる．

　漁業資源は，20世紀に入るまでは無限に存在すると考えられていた．しかしながら，20世紀半ば以降の人口増加に伴って食料需要が高まったことで，漁業生産量も大幅に増加した（図11-3）．増加し続けていた漁業生産量は，1990年代に頭打ちになり，漁業資源の枯渇が危惧されるようになった．天然の漁業資源，つまり自然の海洋生態系の生産力に依存した漁業の生産量が増加しない（対象の生物種によっては減少する）状況下で，食料需要を満たすために養殖による漁業生産量が増加している．

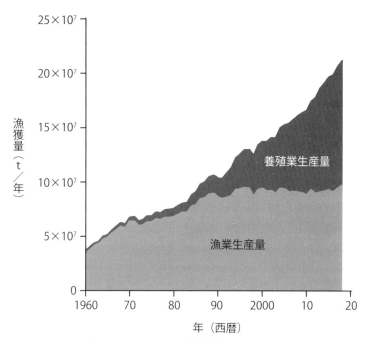

図11-3　世界の年間漁獲量の経年変化
FAO（国際連合食糧農業機関）と農林水産省「漁業・養殖業生産統計」のデータに基づいて作成

11.2.2 漁業の影響

　漁業における過剰な捕獲によって海洋生態系の生物個体群は様々な影響を受ける。例えば，捕獲された生物種の個体群サイズの縮小である。捕獲による個体数の減少速度が自然条件下での個体数の増加速度を上回れば，当然ながらその個体数は減少する。個体数の減少が続くと最終的に，個体群が消失することもある。

　過剰な捕獲は，個体群サイズの縮小だけでなく個体群構造の変化を引き起こす可能性がある。漁業では，大きなサイズの個体や成熟した個体など特定の形質を持った個体が選択的に捕獲されることが多い。例えば，体サイズが大きい個体を選択的に捕獲すれば，個体群から体サイズが大きい個体が減少し，体サイズが小さい個体の割合が増加する。その結果，体サイズの平均値が低下する（図11-4）。

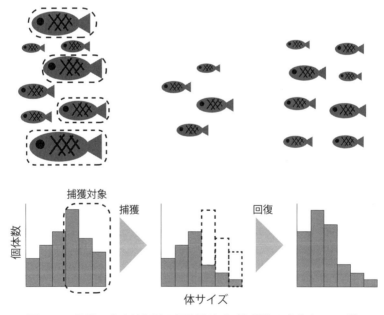

図11-4　漁業による対象種の個体群サイズと構造の変化（イメージ）

特定のサイズの個体の選択的な捕獲による個体群構造の偏りが継続すると，人為的な自然淘汰（1章参照）が起こる可能性がある。体サイズが遺伝的に決定されているとすると，例えば捕獲されやすい体サイズが大きい個体ほど子孫を残しづらくなる，つまり適応度が低下する。その結果，世代を重ねるにつれて体サイズが大きい個体の割合が減少し，捕獲されない体サイズが小さい個体の割合が増加していくと考えられる。

11.2.3 種苗放流

種苗放流とは，漁業における捕獲対象の生物種の生活史の一部を人為的に飼育・栽培することで漁業生産量を増やす試みであり，"部分的な養殖"ともいえる。一般的に，魚類を含む多くの水生動物の死亡率は，幼齢期において最も高い。この幼齢期における死亡率を人為的に抑制することができれば，その後の漁業生産量が増加することが期待できる（図 11-5）。具体的には，産卵前の親魚を捕獲し，採取した卵を人工的に孵化させ，死亡率が低下するサイズになるまで飼育する。これらの死亡率が高いステージを"回避した"個体は，野外

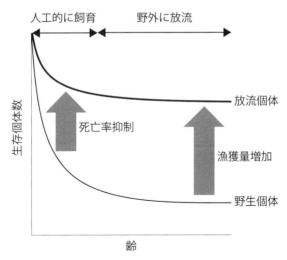

図 11-5　種苗放流による死亡率抑制と漁獲量の増加（イメージ）

に放流される。放流された個体が死亡せずに成長すれば，その分だけ漁業生産量が増加する。種苗放流は，20世紀後半になって技術的にも確立されたことで実用化され，漁業生産量の維持にも貢献している。

　その一方で，種苗放流には様々な課題も存在する。種苗放流とはとどのつまり「自然条件下で生存できる可能性が低い個体を無理やり育てて自然に返す」行為である。そのため，放流個体は自然条件下で生存・成長した野外個体とは異なる形質を持つ場合がある。例えば，放流個体は幼齢期に十分な餌をもらって育ったため，体サイズが大きい傾向がある。これによって同種間での餌や縄張りをめぐる競争において有利になる。一方で，捕食者がいない環境で育った放流個体は，捕食者に対する警戒心や防御・回避行動を有していないことがある。

　このような同種内での競争には強いが生存能力が低い放流個体が野生個体群に混ざると，野生個体群にも影響を及ぼす可能性がある。放流個体の分だけ総個体数が増えるため，密度効果（1章参照）がより強く働く。その結果，放流個体と野生個体との間で空間や餌資源をめぐって同種間での競争が起きる。このとき体サイズが大きい放流個体が野生個体を競争で排除することで，野生個体の個体群サイズが縮小する可能性がある。さらに，放流個体が野生個体との競争に勝ったとしても，生存能力が低い場合，その後生存できない可能性がある。つまり，放流個体が野生個体を競争排除して，その後，放流個体自身も生存できない，といういわば共倒れが起きる可能性もありうるということである。

　このように種苗放流の結果，様々なシナリオが起こる可能性があり，これは漁業生産量にも影響する（図11-6）。環境収容力（1章参照）に十分な余裕があり，かつ一定の割合の放流個体が自然条件下で生存できた場合，生存できた放流個体の分だけ個体群サイズが大きくなり，漁業生産量も増加することが期待される（図11-6a）。一方で，環境収容力に余裕がない場合，種苗放流をしても個体群サイズが大きくなることはなく漁業生産量も変化しない。放流個体と野生個体との間での競争において，もし野生個体が勝った場合は，種苗放流前と変わらない，つまり種苗放流の効果はなかったということになる（図11-6b）。種間競争において放流個体が野生個体に勝った場合，2つのシナリオが考えられる。

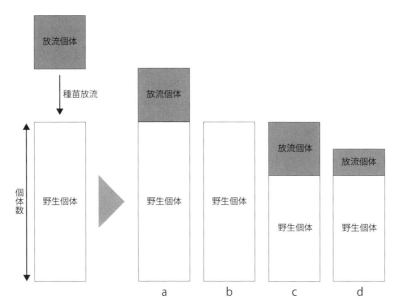

図 11-6　種苗放流の結果として起こりうる漁獲量の変化のシナリオ
日本生態学会編（2015）より改訂

1つは，放流個体が野生個体と同程度の生存能力を有していた場合で，個体群を構成する野生個体の一部が放流個体に置き換わることになる（図 11-6c）。この場合，漁業生産量は種苗放流前と変わらない。もう1つは，放流個体の生存能力が低かった場合である。この場合，競争によって野生個体の個体数が減ったことに加えて，競争に勝った放流個体もその後に生存できないため，漁業生産量は種苗放流前よりも減少する（図 11-6d）。

11.2.4　養殖

　ここでいう養殖とは，対象の生物種個体をすべての生活史において飼育・栽培する完全養殖のことである。この目的や考え方，方法は農業（7章参照）に近いかもしれない。つまり，一定の空間と時間で対象となる生物体もしくは生物体の器官の生産量を最大化し，かつ持続的に生産する，ということである。種

苗放流も含めて養殖による漁業生産量は，2018年の時点で，世界の総漁業生産量の約54％を占めるに至っている。

養殖は，無給餌養殖と給餌養殖に分類することができる。無給餌養殖とは，文字通り対象の生物個体の飼育・栽培に人為的な給餌を行わない養殖のことである。無給餌養殖の対象となる生物種の多くは，海藻などの一次生産者や貝類やウニなど一次消費者である。これらが定着するための人工的な構造物を海中や海面に設置することで，後は人為的に餌を与えなくとも自然に成長し，漁業生産物を収穫・捕獲することができる。一方で，給餌養殖の対象は，主にマグロ，タイ，サケ，マスなど肉食性の大型・中型魚類やエビなど甲殻類である。給餌養殖による漁業生産には，イワシなどの小型の魚類を大量に給餌する必要がある。例えば，養殖個体から1kgの漁業生産物を得るためには，その数倍の量の餌となる小型魚類が必要になるということである。

このような無給餌養殖と給餌養殖の違いは，陸上生態系における物質の収支や循環と同様の考え方で説明できる。無給餌養殖の場合，一定量の無機塩類が供給されたとき，生産者であれば光合成によって，一次消費者であれば構造物に定着した生産者を摂食することで漁業生産物を作り出すことができる。それに対して給餌養殖の場合，漁獲対象を十分なサイズに成長させるためには，生態系の中で餌となる小型魚類を生態系外からインプットする必要がある。

生態系内の物質の収支と循環の点において，給餌養殖には別の課題も存在する。給餌養殖では，限られた空間においてできるだけ短い期間において漁業生産量を最大化するために，海上・海中の網などで囲った生簀の中で対象種を高密度下で飼育することが多い。この際，対象種の摂食量を増やすために，大量の餌を与える。その結果，対象の食べ残し，排泄物などが狭い空間で大量に発生する。これは農業における過剰な化学肥料や高栄養価飼料の使用と同様で（10章参照），生態系へ過剰な物質をインプットすることになり，水質の汚濁など様々な問題を引き起こす可能性がある。

演習問題

1. 深海層における食物連鎖を介した物質の循環について説明しなさい。

2. 平均的な海洋生態系と陸上生態系において，食物連鎖における摂食量あたりの同化量を比較しなさい。またその理由を説明しなさい。

3. (1) 目が粗い漁網と (2) 目が細かい漁網を継続的に使用して漁業を行ったとする。それぞれの漁網を使用した際の対象魚の個体数の時間変化を図示しなさい（x 軸が漁業開始前→継続実施後，y 軸が個体数の図を描きなさい）。また，その時間変化の理由について説明しなさい。なお，(1) の網では一定サイズ以上の個体のみが，(2) の網ではすべてのサイズの個体が捕獲されるとする。

引用・参考文献

和文献

犬伏和之編 (2019)『土壌生化学』朝倉書店

岩槻秀明 (2017)『最新気象学のキホンがよ～くわかる本　第3版』秀和システム

大塚韶三・青木寿史・荻島智子編著 (2016)『ひとりで学べる地学　第2版』清水書院

金子信博編 (2018)『土壌生態学』朝倉書店

金原粲監修 (2014)『環境科学　改訂版』実教出版

小西千賀三・高橋治助編 (1961)『土壌肥料講座　1』朝倉書店

鹿園直建 (2009)『地球惑星システム科学入門』東京大学出版会

柴田英昭編 (2018)『森林と土壌』共立出版

森林水文学編集委員会編 (2007)『森林水文学―森林の水のゆくえを科学する』森北出版

森林立地学会編 (2012)『森のバランス―植物と土壌の相互作用』東海大学出版会

築城幹典・原田靖生 (1996)「酪農経営における物質循環の定量的な把握に関する研究 (1)　窒素フロー量の推定」『システム農学』12：113-117

日本森林学会監修, 井出雄二・大河内勇・井上真編 (2014)『教養としての森林学』文永堂出版

日本生態学会編 (2012)『生態学入門　第2版』東京化学同人

日本生態学会編 (2015)『人間活動と生態系』共立出版

原登志彦監修, 西村尚之著 (2017)『大学生のための生態学入門』共立出版

平林公男・東城幸治編 (2024)『河川生態学入門―基礎から生物生産まで』共立出版

藤倉良・藤倉まなみ (2016)『文系のための環境科学入門　新版』有斐閣 (有斐閣コンパクト)

松中照夫 (2003)『土壌学の基礎―生成・機能・肥沃度・環境』農山漁村文化協会

森章編 (2012)『エコシステムマネジメント―包括的な生態系の保全と管理へ』共立出版

矢原徹一 (2015)「地球環境問題と保全生物学」日本生態学会編『集団生物学』共立出版

鷲谷いづみ監修, 一ノ瀬友博・海部健三・津田智・西原昇吾・山下雅幸・吉田丈人 (2016)『生態学―基礎から保全へ』培風館

翻訳文献

Black, M. & King, J. (2009) *The atlas of water - Mapping the world's most critical resource 2nd ed.*, Myriad Editions Limited.（＝2010，沖大幹監訳，沖明訳『水の世界地図―刻々と変化する水と世界の問題　第2版』丸善出版）

Chapin, F. S. III, Matson, P. A., Vitousek, P. M. (2011) *Principles of terrestrial ecosystem ecology 2nd ed.*, Springer New York.（＝2018，加藤知道監訳『生態系生態学　第2版』森北出版）

Mackenzie, A., Ball, A. S., Virdee, S. R. (1998) *Instant note in ecology*, BIOS Scientific Publishers Limited.（＝2001，岩城英夫訳『生態学キーノート』シュプリンガー・フェアラーク東京）

Silvertown, J. ed. (2010) *Fragile web – What next for nature?*, The Open University. （＝2018，太田英利監訳，池田比佐子訳『生物多様性と地球の未来―6度目の大量絶命へ？』朝倉書店）

Simon, E. J., Dickey, J. L., Hogan, K. A., Reece, J. B. (2010) *Cambell essential biology 6th ed.*, Pearson.（＝2016，池内正彦・伊藤元己・箸本春樹監訳，池内正彦・伊藤元己・大杉美穂・久保田康裕・中島春紫・中山剛・箸本春樹・吉野正巳・和田洋訳『エッセンシャル・キャンベル生物学　原書6版』丸善出版）

Whittaker, R. H. (1975) *Communities and Ecosystems 2nd ed.*, Macmillan Publishing Co.（＝1979，宝月欣二訳『ホイッタカー生態学概説―生物群集と生態系　第2版』培風館）

欧文献

Connor, R. (2015) *The United Nations world water development report 2015: water for a sustainable world.* Vol. 1. UNESCO publishing.

FAO (2020) *The State of World Fisheries and Aquaculture 2020, Sustainability in action.* FAO.

Hata, K., Kohri, M., Morita, S., Hiradate, S., Kachi, N. (2014) "Complex interrelationships among aboveground biomass, soil chemical properties, and events caused by feral goats and their eradication in a grassland ecosystem of an island", *Ecosystems*, 17: 1082-1094.

Hoekstra, A. Y. & Mekonnen, M. M. (2012) "The water footprint of humanity", *Proceedings of the National Academy of Sciences*, 109(9): 3232-3237.

Kareiva, P., Watts, S., McDonald, R., Boucher, T. (2007) "Domesticated nature: shaping landscapes and ecosystems for human welfare", *Science*, 316(5833): 1866-1869.

Mohr, E. C. J. & Van Baren, F. A. (1954) *Tropical soils: a critical study of soil genesis as related to climate, rock and vegetation*, Interscience Publishers.

Oki, T. & Kanae, S. (2006) "Global hydrological cycles and world water resources", *Science*, 313(5790): 1068-1072.

Ponnamperuma, F. N., Martinez, E., Loy, T. (1966) "Influence of redox potential and partial pressure of carbon dioxide on pH values and the suspension effect of flooded soils", *Soil Science*, 101(6): 421-431.

Rockström, J., Steffen, W., Noone, K., Persson, Å., Chapin, F. S., Lambin, E. F., Lenton, T. M., Scheffer, M., Folke, C., Schellnhuber, H. J., Nykvist, B., de Wit, C. A., Hughes, T., van der Leeuw, S., Rodhe, H., Sörlin, S., Snyder, P. K., Costanza, R., Svedin, U., Falkenmark, M., Karlberg, L., Corell, R. W., Fabry, V. J., Hansen, J., Walker, B., Liverman, D., Richardson, K., Crutzen, P, Foley, J. A. (2009) "A safe operating space for humanity", *Nature*, 461(7263): 472-475.

Shiklomanov, I. A. & Rodda, J. C. (Eds.) (2003) *World water resources at the beginning of the twenty-first century*. Cambridge University Press.

Swank, W. T. & Douglass, J. E. (1974) "Streamflow greatly reduced by converting deciduous hardwood stands to pine", *Science*, 185(4154): 857-859.

Van Huis, A. (2013) "Potential of insects as food and feed in assuring food security", *Annual review of entomology*, 58(1): 563-583.

Web サイト

Luxner, L. & Drake, C. (2015) "Reviving the North Aral Sea", *Aramco World, 66*(5), 2-13.
https://www.aramcoworld.com/articles/2015/reviving-the-north-aral-sea （2025.1.15 閲覧）

PRB「How Many People Have Ever Lived on Earth?」
https://www.prb.org/articles/how-many-people-have-ever-lived-on-earth/ （2025.1.15 閲覧）

Shiklomanov, I. A. & Rodda, J. C. (Eds.) (2003) *World water resources at the beginning of the twenty-first century*. Cambridge University Press.
https://catdir.loc.gov/catdir/samples/cam034/2002031201.pdf （2025.1.15 閲覧）

WWF (2008)「Living plant report 2008」
https://ris.utwente.nl/ws/portalfiles/portal/285467896/Report.pdf （2025.1.15 閲覧）

WWF (2014)「Living plant report 2014. WWF international」
http://assets.worldwildlife.org/publications/723/files/original/WWF-LPR2014-low_res.pdf?1413912230 （2025.1.15 閲覧）

国立環境研究所地球環境センター資料
https://db.cger.nies.go.jp/gem/ja/flux/file/pdf/sousetsu1.pdf （2025.1.15 閲覧）

JA 全農ウィークリー

　https://www.zennoh-weekly.jp/wp/article/3594（2025.1.15 閲覧）

水産庁「世界の漁業・養殖業生産」

　https://www.jfa.maff.go.jp/j/kikaku/wpaper/r03_h/trend/1/t1_4_1.html（2025.1.15
　閲覧）

農林水産省「日本の食料自給率」

　https://www.maff.go.jp/j/zyukyu/zikyu_ritu/012.html（2025.1.15 閲覧）

索　引

あ　行

亜硝酸イオン（NO_2^-）　63
亜硝酸態窒素（NO_2-N）　63
アミノ酸　63
アラル海　97
アルカリ性　68
アルミニウム　66
アルミニウムイオン（Al^{3+}）　66, 102
安定　12
アンモニア（NH_3）　62, 91
アンモニア態窒素（NH_4-N）　63, 77
アンモニウムイオン（NH_4^+）　56, 63
イオン　42
生きている生物指数（LPI）　34
一次消費者　17, 19
一次生産　18
一次遷移　11
一次林　82
遺伝的浮動　4
稲作　72
イネ　72
陰樹　12
雨滴衝撃　87, 101
栄養段階　10, 20
液体　41
エコロジカル・フットプリント（EF）　32
枝打ち　84
エネルギー　15, 17
沿岸域　117
塩類化　98
オガララ帯水層　96
オゾン層　37
温度　40

か　行

界面張力　51
外洋域　117
海洋生態系　117
化学エネルギー　119
化学肥料　79, 91, 111
カスケード効果　11
化石燃料　24
河川　107
仮想水（Virtual water）　105
下層土壌　102
家畜　94, 100
褐虫藻　119
河道　107
過放牧　100
カリウム（K）　61
夏緑樹林　81
カルシウム　66
カルシウムイオン（Ca^{2+}）　67
かんがい　72, 95
環境　3
環境収容力　9, 31, 124
環境抵抗　9
環境負荷　31
環境問題　35
還元状態　73
岩石　49
完全養殖　125
干ばつ　88
気化熱　86
基岩　88
気孔　46
気候変動　37
寄生　9, 10
寄生者　10

気体　41
基盤サービス　16
給餌養殖　126
供給サービス　16, 83, 120
共生　9
競争　9
漁業　120
漁業資源　121
極性　42
極相　12
駆除　102
グルコース　5
群集（Community）　10
嫌気的環境　54, 63
原子　41
原生林　82
現存量　20, 22
降雨量　45
好気的環境　54, 63
孔隙　51, 87, 100
光合成（Photosynthesis）　3, 18, 46, 86
光合成速度　5
洪水　88, 110
硬葉樹林　81
呼吸（Respiration）　5, 18, 53
呼吸速度　5
枯死脱落量　19
湖沼　110
固体　41
個体群（Population）　7
個体群構造　122
個体群サイズ　7
個体群密度　8
根系　76
根粒菌　57, 62

さ 行

採集　29
採食　102
砂漠化　99

酸化状態　76
産業革命　30
サンゴ礁　23, 118
酸性　68, 102
酸性土壌　102
酸素（O_2）　5, 39, 113
シアノバクテリア　111
資源　3
指数関数的な成長　9
自然環境　15
自然淘汰　4, 123
下刈り　84
湿地　110
死滅分解量　20
収穫量（収量）　71
従属栄養生物　17
主幹　84
樹冠　43, 45, 81
樹冠遮断　45
樹冠通過雨　46
樹幹流　46
宿主　10
主伐　84
種苗放流　123
種分化　28
狩猟　29
純一次生産速度　22
純一次生産量　19
蒸散　44, 46, 86
硝酸イオン（NO_3^-）　63
硝酸態窒素（NO_3-N）　63, 78
蒸発　43
消費者　17
照葉樹林　81
常緑広葉樹　81
植物　3
植物群集　11
植物プランクトン（シアノバクテリア）
　3, 111
食物網　11, 17
食物連鎖　10, 17, 108, 112

索 引　135

食料自給率　93
食料需要　29
除伐　84
飼料　94
進化　4
人工林　82, 83, 101
針葉樹　47
針葉樹林　81
侵略的外来動物　101
森林　81
森林生態系　21, 45, 81, 83
水素　39
水素イオン（H$^+$）　68, 78
水素イオン濃度　68
水素結合　40
水田　72
水文学　42
水溶性リン　66
スギ　101
生活史（Life history）　6
生活史戦略　6
生産者　17, 19
生態学（Ecology）　1
生態系（Ecosystem）　15
生態系サービス　15
成長　6
成長制限因子　61
成長量　19
正のフィードバック　29, 91
生物間相互作用（Interaction）　9
生物操作　113
生物多様性　36, 37
摂食量　20
遷移（Succession）　11
総一次生産速度　18, 19
総一次生産量　18
双利共生　10

た　行

大陸棚　117

多量必須元素　59
炭酸カルシウム　119
湛水　72
淡水　105
淡水資源　105
淡水生態系　105
炭素（C）　3, 24, 51, 64
タンパク質　61, 63
地球温暖化　25, 30
畜産　94
窒素（Nitrogen, N）　56, 61, 64, 91, 111
窒素分子（N$_2$）　57, 62
潮間帯　117
調節サービス　16, 86
泥炭地　111
適応度　4, 9
鉄　66
鉄イオン（Fe^{3+}）　66, 102
デトリタス　17, 24, 62, 113
天然林　82
踏圧　100, 102
同化量　20
島嶼　102
透水性　87, 100
動物プランクトン　112
独立栄養生物　17
都市生態系　91
土壌　49, 99
土壌構造　100
土壌浸食　100
土壌生成作用　49
土壌生物　54
土壌動物　54, 55
土壌微生物　54, 56
土壌 pH　66, 74
土壌有機物　51
土壌粒子　87
土壌流出　87, 102
土壌劣化　99, 100
突然変異　4
トレードオフ　7

な 行

二酸化炭素（CO_2）　3, 24, 53
二酸化炭素量　86
二次消費者　17, 19
二次生産　20
二次遷移　12
二次林　82
熱帯季節林　81
熱帯多雨林　23, 81
熱容量　40
農業　71
農耕　29

は 行

バイオマス　18
排水　51
排泄物　94
畑　76
白化現象　119
ハーバー・ボッシュ法　91
繁殖　6
氾濫原　110
干潟　117
光飽和点　6
光補償点　5
被食　9, 10
被食量　19, 20
非生物要素　1, 15
必須栄養元素　59
ヒト　27
ヒノキ　101
非木材生産物　86
表層土壌　102
微量必須元素　59
風化作用　49
富栄養化　111
腐食連鎖　109
物質循環　24
物質生産　18, 20

沸点　40
不透水層　98
分解　53
分解者　17, 54
文化的サービス　16
分子　41
分子構造　41
ふん土　55
平衡　12
変換効率　20
片利共生　10
防風林　87
母岩　49, 66
牧草地　94
母材　50
捕食　9, 10
保水　51

ま 行

マメ科　57
マングローブ　110
見かけの光合成速度　6
水（H_2O）　3, 39, 95
密度効果　9
緑のダム　88
ミミズ　55
無機栄養塩　59, 87
無機塩類　59, 91, 98, 111
無機塩類量　102
無機化　53, 63
無機態窒素　63
無給餌養殖　126
木材生産物　83

や 行

ヤギ　102
焼畑農業　99
野生化　102
有機化　52, 63

索　引　137

有機化合物　51
有機態窒素　62, 63
有機物　51
有光層　119
融点　40
陽樹　12
養殖　125
養殖業　120
養殖生産物　121
溶媒　42

落葉広葉樹　47, 81
ラムサール条約　110
陸上生態系　91
リター　19
リター遮断　46
リン（Phosphorus, P）　56, 61, 65, 102, 111
林業　83
リン酸イオン（PO_3^{2-}）　56
林地転換　47

ら　行

酪農　94

欧文索引

Al^{3+} 66
C   24
C/N 比   63
CO_2 3, 24
Community   10
DNA   65
Ecology   1
Ecosystem   15
Fe^{3+} 66
H^+ 68, 79
H_2O 3, 40
Homo sapiens   27
Interaction   9
K   61
Life history   6
N   61
N_2 57, 62
NH_3 62

NH_4^+ 56, 77, 79
NH_4-N   63
Nitrogen   61
NO_2^- 63
NO_2-N   63
NO_3^- 63, 79
NO_3-N   63
O_2 5
P   61, 65
pH   68, 79
Phosphorus   65
Photosynthesis   3
PO_3^{2-} 56
Population   7
RNA   65
Succession   11
Virtual water   105

【著者紹介】

畑 憲治（はた けんじ）

1976年生まれ。2007年3月東京都立大学大学院理学研究科生物科学専攻博士後期課程修了。博士（理学）。

首都大学東京理工学研究科特任研究員などを経て，2018年4月より日本大学商学部准教授。

専門分野は植物生態学，島嶼生物学，外来生物問題，生態系管理など。主に小笠原諸島において侵略的外来生物（大型哺乳類や樹木など）の侵入と駆除が植物群集構造や生態系機能（土壌特性など）に及ぼす影響評価に関する研究に従事している。

環境と生態 —生態系のしくみと役割—

2025年3月15日　第1版第1刷発行

著者　畑　憲治

発行者　田中　千津子

〒153-0064　東京都目黒区下目黒3-6-1
電話　03（3715）1501 ㈹
FAX　03（3715）2012
https://www.gakubunsha.com

発行所　株式会社 学文社

©HATA Kenji 2025　　　Printed in Japan　　　印刷　新灯印刷㈱
乱丁・落丁の場合は本社でお取替えします。
定価はカバーに表示。

ISBN 978-4-7620-3413-8